蓝色创优规划教材

# 测量学精要与实验实习指导

主　编　王安怡
副主编　赵广会

东南大学出版社
SOUTHEAST UNIVERSITY PRESS
·南京·

**图书在版编目(CIP)数据**

测量学精要与实验实习指导/王安怡主编. —南京：
东南大学出版社,2015.10

　ISBN 978 - 7 - 5641 - 6106 - 4

Ⅰ.①测…　Ⅱ.①王…　Ⅲ.①测量学-实验-高等
学校-教材　Ⅳ.①P2 - 33

　中国版本图书馆 CIP 数据核字(2015)第 260789 号

**测量学精要与实验实习指导**

| | | |
|---|---|---|
| 出版发行 | 东南大学出版社 | |
| 出 版 人 | 江建中 | |
| 社　　址 | 南京市四牌楼 2 号(邮编:210096) | |
| 网　　址 | http://www.seupress.com | |
| 责任编辑 | 孙松茜(E-mail:ssq19972002@aliyun.com) | |
| 经　　销 | 全国各地新华书店 | |
| 印　　刷 | 南京玉河印刷厂 | |
| 开　　本 | 787 mm×1092 mm　1/16 | |
| 印　　张 | 11.25 | |
| 字　　数 | 288 千字 | |
| 版　　次 | 2015 年 10 月第 1 版 | |
| 印　　次 | 2015 年 10 月第 1 次印刷 | |
| 书　　号 | ISBN 978 - 7 - 5641 - 6106 - 4 | |
| 定　　价 | 36.80 元 | |

(本社图书若有印装质量问题,请直接与营销部联系。电话:025 - 83791830)

# 前　言

　　"测量学"是土木工程专业及相关专业必修的一门学科基础课。它是一门实用性强、应用面较广且理论与实践紧密结合的科学。在"测量学"课程的教学体系中,实验与实习教学环节是整个教学过程中的重要组成部分,起着巩固和强化课堂理论知识、将理论与实践相结合并将理论知识转化为实践技能的作用。学生们通过测量实验与实习等实践技能的训练,可以获得规范的测量操作技能并提高动手能力,还可以培养勇于实践的精神,而且,通过实验与实习中的小组分工合作以及对测量成果的讨论归纳,可以培养学生们团结协作的精神和严谨求实的科学作风。

　　科学技术日新月异的成就和测绘科学的不断进步,为工程测量技术实践提供了更新的方法和手段。近年来,随着信息技术、地球测绘技术的发展,尤其是 RS(遥感技术)、GIS(地理信息系统)和 GPS(全球定位系统)技术组成的 3S 技术的迅猛发展,使得测量学及其相关科学的知识创新体系正在日益构建,野外数据采集的技术和手段也发生了革命性的变革,测量仪器也正向电子化、数字化、智能化和信息化方向发展,新型测绘仪器不断研发、功能更强大,并且不断在工程建设中推广与使用。而现有的测量学教材对这些内容的介绍有限,难以适应测量学学科的发展需要和用人单位对测量人才提出的新要求。基于此,本教材以非测绘专业的测量学教学大纲为基础,删除或减少了一些传统且逐渐削去的测量学内容及仪器介绍,增加了一些新知识、新技术和新理论等教学内容,如全站仪、GPS 定位技术和数字化测图技术等,以适应和满足科学技术的发展和对现代化专业人才培养目标的需要。而且由于近年来测量学教学课时被不断压缩,教学内容与学时的矛盾日益突出,致使学生们在学习测量学理论知识时显得有些吃力,本教材还对测量学的重要知识点进行了提炼和梳理,以帮助学生们轻松掌握并强化课堂所学理论知识。在本教材的编写过程中,力求内容循序渐进、脉络清晰,重点突出、章节编排合理,努力做到理论与应用配合适当,文字叙述通俗易懂。全书共分 3 章。第 1 章由赵广会编写,第 2 章和第 3 章由王安怡编写,全书由王安怡主审统稿。第 1 章为绪论,梳理了测量学的基本概念以及测量的基本工作和基本原则等知识要点,主要介绍了测量实验与实习的目的和意义、测量仪器的使用及注意事项、测量成果的整理及常用测量规范等;第 2 章为测量学基础实验指导,内容包括七大部分,贯穿了测量学的基本概念、基本理论、基本操作方法和新技术的应用,每一部分都包含有相关知识要点和实验项目及实验记录表格等方面的内容;第 3 章为测量学实习指导,内容包括实习要求与注意事项、实习准备工作及进度安排、实习工作的展开和实习成果的整理与提交四个部分。

　　本书是作者多年教学经验的总结,在本书编写过程中,陈昌平教授给予了许多建设性意见,本科生马爱原、曾雪莹等做了部分资料的收集和整理工作,是他们的辛勤劳动才使得本书内容更加丰富、翔实,在此表示衷心感谢。本书的出版得到了大连海洋大学海洋与土木工程学院和东南大学出版社的大力支持,更饱含了责任编辑孙松茜老师的辛勤付出,在此一并表示衷心感谢。由于作者水平有限,书中难免有疏漏和不足之处,恳请读者批评指正。

王安怡

2015 年 8 月于大连

# 目　　录

# 1 绪论

## 1.1 知识要点

### 1.1.1 测量学的基本概念

测量学是研究地球的形状和大小,确定地球表面上各种物体的大小和空间位置的科学。测量学将地表物体分为地物和地貌。

地物:地表面上自然形成的物体或人工建筑物和构筑物,它包括海洋、江河、湖泊、房屋、道路和桥梁等。

地貌:地表高低起伏的形态,它包括山地、丘陵和平原等。

地物和地貌总称为地形。测量学的主要任务是测定和测设。

测定:使用测量仪器和工具,通过测量和计算将地表上各种地物和地貌的位置按一定比例尺和规定的符号缩小并绘制成地形图,供科学研究和工程建设规划设计使用。

测设:将在地形图上设计出的建筑物或构筑物的位置按照一定的精度在实地标定出来,作为工程施工的依据。

### 1.1.2 测量的基准面和基准线

地球是一个南北极稍扁,赤道稍长,平均半径约为 6 371 km 的椭球体。测量工作在地球表面上进行。地球的自然表面高低起伏,有高山、平原、深谷、湖泊和海洋等,是一个复杂的不规则曲面,其中海洋面积约占 71%,陆地面积约占 29%。假想静止不动的海水面延伸穿过陆地,包围整个地球,形成一个封闭曲面,这个封闭曲面称为水准面。水准面是受地球重力影响形成的重力等位面,其特点是曲面上任意一点的铅垂线垂直于该点的曲面,因此,水准面也可以定义为:处处与铅垂线垂直的连续封闭的曲面。由于海水面受潮汐的影响而不断变化,因此符合该定义的水准面有无数个,其中与平均海水面相吻合的水准面称为大地水准面;大地水准面是唯一的。

水准面和大地水准面都是不规则曲面,地面点投影在曲面上计算很复杂。在测量工作中,当测区面积不大时(一般在半径 10 km 的圆面积内),可以将水准面视为水平面(与测区内水准面相切的平面),这样可以大大简化测量计算工作。所以,测量工作的基准面有任意水准面、大地水准面和水平面;测量的基准线有铅垂线,它是物体的重力方向线。

### 1.1.3　地面点位置的确定

测量工作的实质是确定地面点的空间位置。大地空间是三维的,因此,一个地面空间点是由三个量来确定的,这三个量是地面点在基准面的平面位置(点的平面坐标)以及该点到基准面的铅垂距离(点的高程)。

(1) 点在基准面上的平面位置

在测量工作中,若测区面积较小时,可假设该基准面为平面,点在平面上的位置可以用测量独立平面直角坐标系中的 $x$、$y$ 来表示。如图 1-1 所示,图中 $P$ 点的平面位置可以表示为 $(x_P, y_P)$,在测量时通常利用一个已知坐标值的点为基准点,观测有关的水平角与水平距离,然后通过计算而求得待测点的平面坐标。

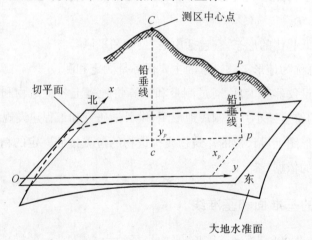

**图 1-1**

(2) 点的高程

根据测量时所选取的基准面的不同,点的高程可分为绝对高程和相对高程。在施工场地,经常把高程称为标高,用 $H$ 表示。绝对高程是以大地水准面为基准面,地面点沿铅垂线方向到大地水准面的铅垂距离,亦称海拔,如图 1-2 中,$A$、$B$ 两点的绝对高程分别表示为 $H_A$、$H_B$。相对高程是以任意水准面为基准面,地面点沿铅垂线方向到假定水准面的铅垂距离,如图 1-2 中,$A$、$B$ 两点的相对高程分别表示为 $H'_A$、$H'_B$。地面上两点的高程之差称为高差,如图 1-2 所示,$h_{AB} = H_B - H_A = H'_B - H'_A$。高差通常用测量仪器测得。若已知一个点的高程（水准点），就可以求得其余各点的高程。我国的水准原点设在青岛观象山上的验潮站，其高程为 72.260 m。全国各地的不同等级的水准点都是以此点为基准测量所得。

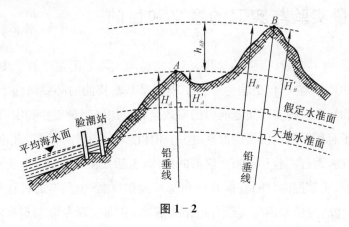

图 1-2

### 1.1.4 测量的基本工作和基本原则

水平角、水平距离和高差是测量工作中确定地面点位置关系的三个基本几何要素，所以测量地面点的水平角、水平距离和高差是测量的三项基本工作。

无论哪一种测量工作，其目的都是为了能够准确地测定或测设出未知点的平面位置和高程，这就需要已知坐标的控制点。由于一般测量工作的范围都比较大，测量工作在一个控制点上难以完成整个测量工作，因此测绘工作必须按照一定的原则进行，这就是"从整体到局部"的原则。在控制测量中，具体体现为"先控制测量，后碎部测量"；在精度控制方面，要"由高级到低级"。此外，测量中要严格进行检核工作，即及时检核每项测量成果，保证前一项工作满足测量精度要求，方可进行下一步测量工作，以保证测量成果的准确性和精度。

## 1.2　测量实验与实习的意义和目的

"测量学"是一门实践性很强的学科,测量实验与实习是测量学教学中重要的、必不可少的实践教学环节,它不仅是学生掌握工程测量基本技能的必要训练手段,也是培养学生动手能力和解决工程实际问题能力的有效途径。加强测量实验和实习的教学,既能使学生进一步了解所学测量仪器的原理、构造和性能,又有助于加深对理论知识的理解、消化、巩固和提高,通过实验和对测量仪器的操作,包括仪器安置、观测、记录、计算、撰写实验报告等,能真正掌握测量的基本方法和基本操作技能;也只有通过这种实践教学环节,才可以使学生将理论知识与实践有机结合起来,从而实现专业知识和实践技能的内化。因此,测量实验与实习并非是简单的课堂理论知识的重复,它的开设有以下目的:

(1) 在掌握测量学理论知识的基础上,通过阅读教材和相关指导书,概括出相关测量实验与实习的原理和方法要点,并自行设计和完成一定难度的综合性实验,从而培养学生从事科学研究的初步能力。

(2) 通过动手操作各种测量仪器,使学生掌握测量仪器的原理、构造、操作方法、操作步骤以及仪器检验和校正的方法,提高学生的实验操作技能和工程实践能力。

(3) 通过运用所掌握理论知识解决测量实验和实习中遇到的实际问题,加深学生对测量概念的理解,培养其严谨认真的学习态度和独立思考能力。

(4) 通过正确记录和处理测量实验与实习的观测数据、分析测量实验与实习结果、撰写实验和实习报告,培养学生实事求是的科学态度、严谨踏实的工作作风。

(5) 通过分组进行外业测量实验与实习的实践技能训练,培养学生团结协作、遵守纪律、吃苦耐劳、爱护公物的优良品德。

## 1.3  测量实验与实习课的一般要求

为了熟悉和掌握现代精密测量仪器及各种测量技术,提高作业效率,要求做到:

(1) 在测量实验与实习前,应认真地进行预习,以明确目的,了解任务,熟悉实验内容和步骤,掌握仪器的使用方法,注意有关事项,并准备好所需的各种文具用品。

(2) 实验课时所有同学应准时到达仪器室领取实验仪器,应遵守纪律,不得无故缺席、迟到或早退。

(3) 测量实验与实习课是以小组为单位进行的集体协作活动,由组长负责组织协调工作,办理小组所用仪器及工具的借领和归还。每次领取仪器时要按班、组的顺序进行。

(4) 实验和实习过程中,小组成员应服从老师的指导,每个学生都要轮流操作仪器,严格按照要求,认真地完成任务。

(5) 在实验和实习过程中,每个小组应在指定的场地或测区进行测量工作,不得擅自改变地点,要爱护测区的各种公共设施以及花草、树木,任意砍折、踩踏或破坏者应予以赔偿。

(6) 在外业实验和实习时,应注意自身安全(尤其在道路上作业时),同时也应该保护好测量仪器、工具、实习资料及个人物品。

(7) 每次实验和实习都应取得合格的测量成果,提交规范的实验记录,经指导老师审阅同意后,方可交还实验仪器,结束实验或实习。

# 1.4 测量仪器的使用及注意事项

测量仪器属于精密贵重仪器,是完成实践教学任务必不可少的工具。正确使用和维护测量仪器,对于保证教学进度、测量精度、防止仪器损坏、延长仪器使用年限都有着重要作用。损坏或丢失仪器和工具,不仅会造成国家财产和个人经济上的损失,也会影响测量实践活动的正常进行。因此,对测量仪器和工具的正常使用和爱护是每位学生应有的职责。

## 1.4.1 测量仪器的借用

(1) 每次实验或实习借用测量仪器设备,应按照指导教师的要求进行,借用时应遵守测量仪器室的规定,以小组为单位借用测量仪器,由组长负责办理借领手续,严禁他人代替领用仪器。

(2) 领到仪器后,各组组长应对照仪器借用单清点和检查:仪器、工具及附件是否齐全,背带及提手是否牢固,脚架是否完好等;如发现问题,应立即向实验室老师汇报,进行更换。

(3) 离开借领地点之前,必须整理好仪器和各种工具,搬运仪器时,必须轻取轻放,避免剧烈振动。

(4) 实验过程中,未经指导教师同意,不得与其他小组擅自调换仪器或转借他人使用。

(5) 实验或实习结束后,应及时清理仪器、工具,送还仪器室检查验收,并办理归还手续,如有遗失或损坏,应按照学校的相关规章制度办理。

## 1.4.2 测量仪器的检查

(1) 打开仪器箱前,首先要检查仪器箱是否有裂缝,背带及把手是否完好,然后将箱子平放在地面上打开箱盖,注意观察仪器及附件在箱子中的位置,以便测量作业完成后能将各部件稳妥地放回原处。

(2) 仪器从箱子取出后,应立即关闭仪器箱盖,以防止灰尘进入或零件丢失;作业时箱子应放在仪器附近,仪器箱多为薄型材料制成,不能承重,因此禁止蹬、坐在仪器箱上。

(3) 仔细检查仪器的表面有无碰伤划痕,部件是否完整,部件之间是否结合良好,仪器的制动螺旋、微动螺旋和脚螺旋等是否运行良好,仪器水平方向、竖直方向是否转动灵活,读数系统是否清晰。

(4) 使用全站仪时,应检查其操作键盘各功能键是否可正常使用;液晶显示屏上各种符号显示是否清晰、完整、对比度适当;数据传输接口以及外接电源接口是否完好等。

### 1.4.3　测量仪器的架设

先将仪器的脚架在地面安置稳妥。若为泥土地面,应将脚架尖踩入土中;若为坚实地面,应防止脚架尖有滑动的可能性。

(1) 将三脚架的三条腿抽出后,要把脚架固定螺旋拧紧,但不可用力过猛以免造成螺旋滑扣,也要防止因螺旋未拧紧而造成三脚架架腿自行收缩摔坏仪器;三脚架高度一般约 1.2 m,三条架腿分开的跨度要适中,三脚架脚尖最好成等边三角形,脚架腿与地面成 60°左右,角架腿太靠拢容易倾倒,分得太开,容易滑开。若在斜坡上架设仪器,应使两条腿在坡下,一条腿在坡上;若在光滑地面上架设仪器,要采取安全措施(如用细绳将脚架三条腿连接起来),防止脚架滑动而损坏仪器。

(2) 在脚架安置稳妥之后,通过调整脚架架腿的长短,使架头保持大致水平;安置仪器时,松开仪器的制动螺旋,双手紧握住仪器支架或底座,轻柔放置于三脚架上,一手紧握仪器,一手拧紧连接螺旋,以防仪器从脚架架头脱落。

### 1.4.4　测量仪器的使用

(1) 初次接触测量仪器,应认真观察指导教师的讲解和操作,再按照要求安置仪器并进行测量。

(2) 仪器安置好后,不管是否观测使用,仪器都必须有人看护,以防止无关人员搬弄或行人、车辆碰撞仪器。

(3) 作业前应仔细检查仪器,确定其各项指标、初始设置等是否符合要求,再进行观测。

(4) 镜头上的灰尘,应该使用仪器箱中的软毛刷轻轻拂拭,或者使用专用镜头纸轻轻擦拭,严禁用手指等擦拭,以免损坏镜头的镀膜。仪器使用完后应及时套好镜头盖。

(5) 在野外作业时,应给仪器撑伞,防止仪器被日晒雨淋。若仪器不慎被雨水淋湿后,切勿通电开机,需用干净软布擦干并在通风处放置一段时间,待完全干燥后再开机。

(6) 电子经纬仪、电子水准仪、全站仪、GPS 信号接收机等电子测量仪器,在野外更换电池时,应先关闭仪器的电源;装箱之前,也必须先关闭电源再装箱。

(7) 转动仪器时,应先松开制动螺旋,再平稳转动;使用微动螺旋时,应先旋紧制动螺旋。制动螺旋应松紧适度,微动螺旋和脚螺旋不要旋到顶端,使用各种螺旋都应均匀用力,以免损伤螺纹。

　　(8) 在使用过程中,仪器若发生故障,应及时向指导教师汇报,由教师找专业人员进行维修,不可擅自拆卸仪器。

### 1.4.5　测量仪器的搬迁

　　(1) 在行走不便的测区迁站或者远距离迁站时,必须将仪器装箱后再搬迁。

　　(2) 短距离迁站时,可将仪器连同脚架一起搬迁:取下垂球,检查并旋紧仪器的连接螺旋,松开各制动螺旋使仪器保持初始位置,收拢三脚架,左手握住仪器的基座或支架放在胸前,右手抱住脚架放在肋下,稳步行走。

　　(3) 迁站时,测量小组其他学生应协助观测员带走仪器箱和有关测量工具。

### 1.4.6　测量仪器的装箱

　　(1) 拆卸仪器时,应先将脚螺旋调至大致同高的位置,再用一只手扶住仪器,另一只手松开连接螺旋,然后双手取下仪器。仪器装箱前,应将仪器上的灰尘擦拭干净。

　　(2) 仪器装箱时,松开各制动螺旋,按照取仪器时仪器的存放位置放妥,再拧紧仪器各制动螺旋,然后清点所有附件和工具。若无缺失,则盖上箱盖,扣好搭扣、上锁;若合不上箱口,应检查仪器位置,不可强行关闭箱盖。

### 1.4.7　测量工具的使用

　　(1) 钢尺的使用:应防止钢尺扭曲、打折和折断,防止行人踩踏或车辆碾压,尽量避免尺身着水;携尺前进时,应将尺身提起,不得沿地面拖行,以防损坏刻画;用完钢尺应擦净、涂油,以防生锈。

　　(2) 皮尺的使用:应均匀用力拉伸,用后及时卷起,避免着水、车压;如果皮尺受潮,应及时擦干并晾干。

　　(3) 各种标尺、花杆的使用:应注意防水、防潮,防止横向受压,不能磨损尺面刻画的漆皮,不得将水准尺和花杆斜靠在墙上或电线杆上,以防标尺或花杆倒下摔断。

　　(4) 绘图板的使用:应注意保护板面清洁完好,不能施以重压。

　　(5) 小件工具如垂球、测钎、尺垫等工具的使用:应该用完即收起,防止遗失。

　　(6) 任何测量工具都应保持清洁,由专人保管搬运,不能随意放置,更不能作为抬、担等工具使用。

## 1.5 测量成果的记录、整理与计算规则

外业观测数据的准确性和真实性是内业数据处理的依据,因此在实验或实习中,要求学生必须按照观测方法和步骤进行正确的观测和记录,确保测量数据的准确和真实,为了保证测量成果的严肃性、可靠性,要求做到:

(1) 在准备记录观测数据之前,应首先填写观测手簿表头的仪器型号、日期、天气、测站、观测者和记录者等信息。

(2) 观测数据均用 2H 或 3H 铅笔直接记入指定的记观测手簿中,字迹应清晰、字体端正、步骤清晰,字体大小约占记录格的一半,留出空隙改错。

(3) 观测数据必须填写在规定的表格内,随测随记,不允许用其他纸张记录再行誊写,观测者读数后,记录者应立即回报读数,经核实后再记录,以免听错和记错。

(4) 测量手簿上禁止擦拭、涂改数据,如记错需要改正时,应以横线或斜线划去,不得使原字模糊不清,正确的数字应写在原字的上方;已改过的数字又发现有错误时,不准再改,应将该部分成果作废重测。

(5) 观测过程中应及时运用理论知识正确处理误差允许范围内的观测数据,对误差超限和错误的数据要及时发现、及时重测,避免出现误测、误记、漏记的现象,更不允许伪造数据。记录表格上规定的内容及项目必须填写,不得留有空白。

(6) 数据的计算应根据所取的位数,按照"4 舍 6 入,5 前单进双舍"的规则进行凑整。例如,若长度取至毫米单位,则 1.218 4 m、1.217 6 m、1.218 5 m、1.217 5 m 均记为 1.218 m。

(7) 每测站观测结束后,必须在现场完成规定的计算和检核,确认无误,并满足精度要求后方可迁站。

(8) 记录和整理的数据成果应写齐规定的位数,测量中规定的数字位数视精度的要求不同而不同,对于普通测量记录和计算的一般规定如表 1-1 所示。

表 1-1 数据的位数

| 测量种类 | 数字的单位 | 记录位数 |
| --- | --- | --- |
| 水准 | 米 | 小数点后三位 |
| 量距 | 米 | 小数点后三位 |
| 角度的分 | 分 | 二位 |
| 角度的秒 | 秒 | 二位 |

## 1.6　测量实验与实习中的常用规范

　　测量规范是测量工作的标准,它的发布与实施对加强测量管理、规范测量行为、满足测量精度要求、提高测绘工作的现代化水平、促进测绘事业的发展具有十分重要的作用。在测量实验与实习中,所采用的技术标准是以测量规范为依据的。测量规范是指导各项测量工作以及测量实验与实习的指南,每一位进行测量实验和实习的同学都应认真学习和熟悉有关测量规范,严格遵守测量规范。

　　测量中常用的规范包括:

　　(1)《工程测量规范》(GB 50026—2007);

　　(2)《城市测量规范》(CJJ/T 8—2011);

　　(3)《全球定位系统(GPS)测量规范》(GB/T 18314—2009);

　　(4)《1:500　1:1 000　1:2 000 地形图数字化规范》(GB/T 17160—2008);

　　(5)《数字测绘成果质量检查与验收》(GB/T 18316—2008)。

# 2 测量学基础实验指导

## 2.1 水准测量

### 2.1.1 知识要点

测量地面上各点高程的工作,称为高程测量。根据所使用的测量仪器和施测方法的不同,高程测量可分为水准测量、三角高程测量、GPS 高程测量和气压高程测量,其中水准测量是高程测量中最基本和精度较高的一种测量方法,被广泛应用于高程控制测量和建筑工程测量中。

水准测量的基本原理是利用水准仪能提供的一条水平视线,读取竖立于两个水准点上标尺的读数,通过计算求出这两点间的高差,并根据已知点的高程计算出待定点的高程。

如图 2-1 所示,地面点 $A$ 为已知水准点,点 $B$ 为待测水准点。设在地面 $A$、$B$ 两点上各竖立一根有刻画的标尺——水准尺,在 $A$ 和 $B$ 两点的中间安置一台能提供水平视线的仪器——水准仪,利用水准仪的水平视线分别读取竖立在 $A$、$B$ 两点水准尺上的读数。若水准测量是由 $A$ 点到 $B$ 点方向,则规定 $A$ 点为后视点,其标尺读数 $a$ 称为后视读数;$B$ 点为前视点,其标尺读数 $b$ 为前视读数,则 $A$ 点到 $B$ 点的高差($B$ 点相对于 $A$ 点的高差)为

$$h_{AB} = a - b$$

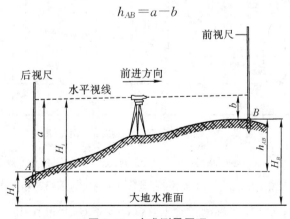

图 2-1 水准测量原理

即地面上两点间的高差等于后视读数减去前视读数。

如果后视读数 $a$ 大于前视读数 $b$，即 $a>b$，则高差为正，$h_{AB}>0$，说明 $B$ 点比 $A$ 点高；

如果后视读数 $a$ 小于前视读数 $b$，即 $a<b$，则高差为负，$h_{AB}<0$，说明 $B$ 点比 $A$ 点低。

待定点 $B$ 的高程为

$$H_B = H_A + h_{AB}$$

在水准测量工作中，如果已知点至待定点之间距离较远、高差较大或遇到障碍物使视线受阻，仅用一个测站不可能测得两点间的高差，可采用分段、连续设站的方法施测，在两点间设置一些转点 $TP$（高程传递点），测定各分段的高差，然后计算各站高差代数和而求得两点间的高差。

如图 2-2 所示，设已知点 $A$ 的高程为 $H_A$，要测定 $B$ 点的高程 $H_B$，必须在 $A$、$B$ 两点之间连续设置若干个测站。进行观测时，每安置一次仪器观测两点间的高差，称为一个测站；作为传递高程的临时立尺点 $TP_1$，$TP_2$，$\cdots$，$TP_{n-1}$ 称为转点。各测点的高差为

$$h_1 = a_1 - b_1$$
$$h_2 = a_2 - b_2$$
$$\vdots$$
$$h_n = a_n - b_n$$

两点间的高差为

$$h_{AB} = \sum h_i = \sum a_i - \sum b_i$$
$$H_B = H_A + h_{AB}$$

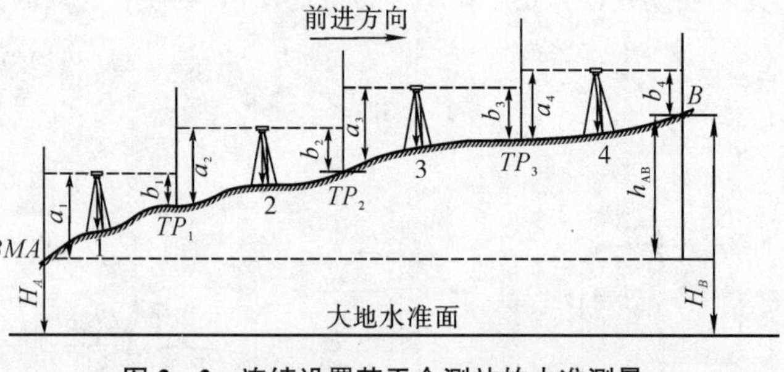

**图 2-2　连续设置若干个测站的水准测量**

在水准测量中，通常沿某一水准路线来施测，进行水准测量的路线称为水准路线。根据测区的地形条件和实际需要，可布设成闭合水准路线、附和水准路线和支水准路线。

水准仪和水准尺是实施水准测量的主要仪器设备，尺垫的作用主要是传递高程。水准仪的类型很多，我国按其精度指标划分为 $DS_{05}$、$DS_1$、$DS_3$ 和 $DS_{10}$ 四个等级，D 和 S 分别

为"大地测量"和"水准仪"汉语拼音的首字母,数字 05、1、3、10 表示用该类型水准仪进行水准测量时每千米往、返测高差中数的偶然中误差,分别不超过 0.5、1、3 和 10 mm。DS$_{05}$、DS$_1$ 型水准仪适用于精密水准测量,DS$_3$、DS$_{10}$ 型水准仪适用于普通水准测量。按其结构,水准仪可划分为:微倾式水准仪、自动安平水准仪和电子水准仪。

(1) 微倾式水准仪:借助水准仪的管水准器获得望远镜的水平视线。其管水准器分划值越小,仪器的灵敏度越高。通过调节微倾螺旋使水准管气泡居中,即能够使望远镜视线水平。

(2) 自动安平水准仪:借助自动安平补偿器获得望远镜的水平视线,它是一种只需概略整平即可获得水平视线读数的仪器,即利用水准仪上的圆水准器将仪器概略整平。由于仪器内部自动安平机构(自动补偿器)的作用,仪器十字丝交点上读得的读数始终为视线严格水平时的读数。这种仪器操作迅速、简便,可提高作业速度,而且测量精度高。

(3) 电子水准仪:利用仪器发射的激光束和电子装置代替人工读数。将激光器发出的激光束导入望远镜镜筒内,使其沿视准轴方向射出水平激光束,并在水准标尺上配备能自动跟踪的光电接收靶,即可进行水准测量。

### 2.1.2　实验：水准仪的认识与使用

(1) 实验目的

① 熟悉水准仪的基本构造和性能,认识其主要构件的名称及作用。

② 掌握利用水准仪测定高差及水准尺读数的基本操作方法。

(2) 实验仪器与工具

水准仪一台,三脚架一个,水准尺一对,尺垫一个,记录板一块。

(3) 实验内容

① 熟悉水准仪各构件的名称及作用。

② 了解三脚架的构造和作用,熟悉水准标尺的刻画与标注规律。

③ 掌握水准仪的安置及利用水准器整平仪器的方法。

④ 掌握利用水准仪的望远镜瞄准目标、消除视差及读数的整个操作方法。

⑤ 练习利用水准仪测定地面两点间的高差。

(4) 实验方法和步骤

① 安置水准仪,熟悉水准仪的基本构造、各部件名称和作用

打开三脚架并使架头高度适中,调整脚架并用目估的方法使架头大致水平、稳固地架设在地面上。然后打开仪器箱取出仪器,用连接螺旋将水准仪小心地固连在三角脚架顶面上。

观察水准仪各个部件的构造、名称和作用,试着旋拧各个螺旋以了解和熟悉其功能

和使用方法。

② 概略整平仪器

概略整平是借助圆水准器的气泡居中,使仪器竖轴大致竖直,从而使望远镜视准轴大致水平。如图 2-3(a)所示,圆气泡处于 $a$ 处而不居中,为使其居中,先按照图中箭头所指方向,用双手相对转动①和②两个脚螺旋,使气泡移动到 $b$ 的位置(图 2-3(b)),再用左手移动第三个脚螺旋,使气泡居中。一般需要反复操作 2~3 次即可整平仪器。(提示:在概略整平过程中,气泡移动的方向与左手拇指运动的方向一致)

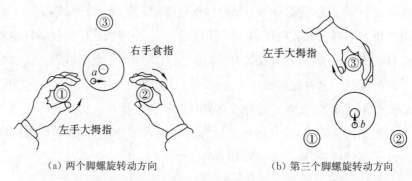

(a) 两个脚螺旋转动方向　　　　　　　　(b) 第三个脚螺旋转动方向

图 2-3　概略整平方法

③ 瞄准水准尺、精平与读数

**瞄准**:将望远镜对准一明亮背景,转动目镜调焦螺旋进行对光,使十字丝分划清晰;然后松开制动螺旋,转动望远镜,利用望远镜上部的准星和照门粗略瞄准水准尺,拧紧制动螺旋;从望远镜中观察,转动物镜调焦螺旋,使水准尺分划成像清晰,再转动水平微动螺旋,使竖丝对准水准尺;眼睛在目镜端上下微微移动,若存在视差,则应重新仔细地进行物镜对光和目镜对光以消除视差。

**精平**:当使用微倾式水准仪观测时,应通过符合气泡观察窗查看水准管气泡的位置,右手转动微倾螺旋,使符合气泡观察窗中水准管气泡两端的影像吻合,即表示水准仪的视准轴已精确整平。

当使用自动安平水准仪观测时,只需要概略整平仪器,即可实现水准仪的精平。此步骤可以省略。

**读数**:观察十字丝中丝在水准尺上的分划位置,读取四位读数(单位:米),读数时应先估读出毫米数,然后按米、分米、厘米和毫米,一次读出四位数,记录于实验记录表中。

④ 测定地面两点间的高差

步骤 1:在地面上选定两个较坚固的点作为后视点和前视点,分别在两点上竖立水准尺;在两点之间安置水准仪,使仪器至后视点和前视点的距离大致相等,分别读取后视读数和前视读数,将观测结果记入记录表 2-1 中。

步骤 2:计算两点间的高差 $h=$ 后视读数－前视读数。

步骤 3:不移动水准尺,仅改变水准仪的高度,重新安置仪器,由同一小组其他成员再次测定上述两点间的高差,要求每个小组每人独立操作仪器并测定两点间的高差,要求所测各高差之差不应大于 $\pm 5$ mm。

表 2-1　水准仪认识观测记录表

观测日期_____　　班级_____　　第_____组　　观测者_____

仪器型号_____　　地点_____　　天气_____　　记录者_____

| 安置仪器次数 | 测点 | 后视读数/m | 前视读数/m | 高差/m | 高程/m |
|---|---|---|---|---|---|
| 第一次 | | | | | |
| 第二次 | | | | | |
| 第三次 | | | | | |
| 第四次 | | | | | |
| | | | | | |
| | | | | | |
| | | | | | |
| | | | | | |
| | | | | | |
| | | | | | |
| | | | | | |
| | | | | | |

（5）注意事项

① 仪器安置在三脚架架头上，必须旋紧连接螺旋，使连接牢固。

② 前后视距可先由步数概量，使前后视距大致相等。

③ 当观测者瞄准水准尺及读数时，必须将水准尺立直。

④ 观测时，观测者的身体各部位不得接触脚架。在读数前，必须使水准仪长水准管气泡居中（自动安平水准仪除外），照准目标必须消除视差。

⑤ 在观测过程中不应进行粗平。若圆水准气泡不居中，应整平仪器后重新观测，每次读数时都应进行精平。

⑥ 每小组测量完毕后，应立刻检查观测成果，一旦误差超限，应重新观测。

### 2.1.3　实验：普通水准测量

（1）实验目的

① 练习普通水准测量的施测、记录、计算与检核，水准测量高差闭合差的调整及高程的计算方法。

② 熟悉闭合水准路线的施测方法。

③ 水准路线的高差闭合差 $f_h$ 应在限差要求范围之内。若闭合差超限，则应返工重测。

限差要求：

$$f_{h容} = \pm 12\sqrt{n} \text{ mm}$$

或

$$f_{h容} = \pm 40\sqrt{L} \text{ mm}$$

式中：$n$ 为测站数；$L$ 为水准线路长度，千米数。

（2）实验仪器与工具

① 实验室配备：水准仪一台，三脚架一个，水准尺一对，尺垫两个，记录板一块。

② 自备：铅笔、计算器。

（3）实验内容

① 进行闭合水准路线测量。

② 检核观测成果。若满足精度要求，则调整水准路线的高差闭合差，计算各测站改正后的高差，并计算各待定点的高程。

（4）实验方法和步骤

① 选一适当场地，在场地上选一个坚固点作为已知高程点 $A$，另选定三个坚固点 $B$、$C$、$D$ 作为待定高程点，进行闭合水准路线测量。路线长度以安置 4～6 个测站为宜，确定水准路线的施测方向。

② 安置水准仪于起点 $A$ 和转点 $TP_1$ 间大致等距离处，在 $A$ 点和 $TP_1$ 点上竖立水准尺，按照一个测站上水准测量的操作程序，分别观测后视读数和前视读数，计入观测手簿，并计算两点间的高差 $h_1$。

③ 沿着选定的路线方向，将仪器搬至点 $TP_1$ 和点 $B$ 间大致等距离处，仍用第一站施测的方法进行第二站观测，得到高差 $h_2$。依次连续设站，经过 $C$ 点和 $D$ 点，连续在各测站上观测，最后闭合至起始点 $A$。

④ 检核计算。整条水准路线的后视读数之和减去前视读数之和应等于各测站高差总和，即

$$\sum a - \sum b = \sum h$$

⑤ 高差闭合差的计算与调整。根据已知点的高程及各测站的观测高差，计算水准路线的高差闭合差，并检核是否超限。如果超限，则应重新进行观测；如果没有超限，则对高差闭合差进行调整与分配，然后根据 $A$ 点高程和各点间改正后的高差推算 $B$，$C$，$D$，$A$ 四个点的高程，最后推算得到的 $A$ 点高程应与已知值相等。

（5）注意事项

① 在每一测站上，水准仪的安置位置应保持前、后视距大致相等。

② 在已知水准点和待定水准点上不能放置尺垫。一个测站观测结束后如果仪器未搬迁，后视点尺垫不能移动；仪器搬迁时，前视点尺垫不能动，否则应从起始点 $A$ 开始重新观测。

③ 尺垫应置于坚固地面上或踏入土中，在观测过程中不得碰动仪器或尺垫，且水准尺必须竖立直，不得倾斜。

## 表 2-2　水准测量记录计算表

观测日期_____　　班级_____　　第_____组　　观测者_____

仪器型号_____　　地点_____　　天气_____　　记录者_____

| 测站 | 测点 | 后视读数/<br>m | 前视读数/<br>m | 高差/m | 高差改正数/<br>m | 改正后高差/<br>m | 高程/m | 备注 |
|------|------|------|------|------|------|------|------|------|
|  |  |  |  |  |  |  |  |  |
|  |  |  |  |  |  |  |  |  |
|  |  |  |  |  |  |  |  |  |
|  |  |  |  |  |  |  |  |  |
|  |  |  |  |  |  |  |  |  |
|  |  |  |  |  |  |  |  |  |
|  |  |  |  |  |  |  |  |  |
|  |  |  |  |  |  |  |  |  |
| 总和 |  |  |  |  |  |  |  |  |
| 检核 |  |  |  |  |  |  |  |  |

# 附录 1　微倾式水准仪基本构造和功能介绍

图 2-4 为 DS₃ 微倾式水准仪的结构示意图,其主要由望远镜、水准器和基座三个部分组成。

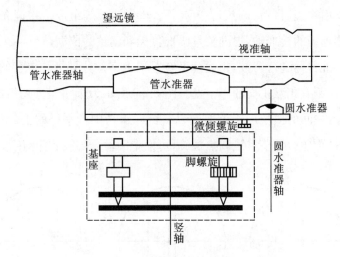

**图 2-4　DS₃ 微倾式水准仪的结构示意图**

图 2-5 为国产 DS₃ 微倾式水准仪各部件名称。

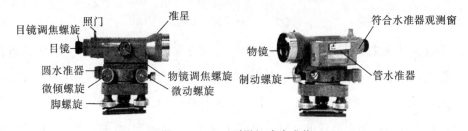

**图 2-5　DS₃ 型微倾式水准仪**

## 附 1.1　望远镜

水准仪的望远镜是构成水平视线、瞄准水准尺并对水准尺进行读数的主要构件,其构造如图 2-6 所示。

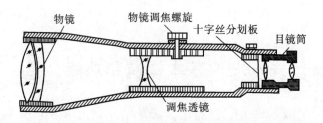

物镜　　物镜调焦螺旋　　十字丝分划板　　目镜筒

调焦透镜

**图 2 - 6　DS₃型微倾式水准仪的望远镜构造**

望远镜主要由物镜、目镜、调焦透镜和十字丝分划板等组成。物镜光心与十字丝交点的连线称为望远镜的视准轴,视准轴是瞄准目标和读数的依据。

为了精确瞄准目标进行读数,望远镜里安置了十字丝分划板。十字丝分划板是一块圆形玻璃片,上面刻有相互正交的十字丝。图 2 - 7 所示为十字丝分划板的两种形式,竖丝用于瞄准目标,中间的横丝用于读取前、后视读数,与中丝平行的上、下两根短丝用于测量视距,称为视距丝。调节目镜调焦螺旋,可使十字丝分划线成像清晰。

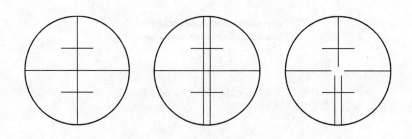

**图 2 - 7　十字丝分划板**

由于观测时水准尺距离水准仪远近不同,所以成像位置有前有后。为了使远近目标的成像都能落在十字丝分划板上,可通过旋转物镜调焦螺旋来移动调焦透镜,改变物镜的等效焦距,使目标能清晰地成像在十字丝分划板平面上。

水准仪望远镜可绕水准仪的竖轴在基座上水平转动,控制这一转动的是制动螺旋和微动螺旋。松开制动螺旋,可使望远镜转动,此时微动螺旋不起作用;旋紧制动螺旋,可固定望远镜,此时旋转微动螺旋可使望远镜在水平方向上做微小转动,可使望远镜精确照准水准尺。

### 附1.2  水准器

水准器是用来判断望远镜视准轴是否水平和仪器竖轴是否竖直的装置,通常包括圆水准器和管水准器。

圆水准器是一个密封的其内壁顶面磨成球面的玻璃圆盒,如图2-8所示。球面中央刻有小圆圈,圆圈中心为圆水准器的零点,通过零点的球面法线为圆水准器轴,当气泡居中时,圆水准器轴处于铅垂位置。圆水准器的分划值一般为$8'\sim10'$,精度较低,仅能用于仪器的粗略整平。

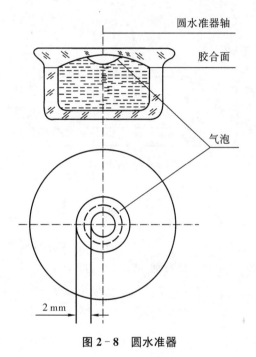

**图2-8  圆水准器**

管水准器是一个两端封闭其纵向内壁顶面磨成一定半径圆弧(圆弧半径一般为$7\sim20$ m)的玻璃管,如图2-9所示。将管内装满酒精和乙醚的混合液,加热融封冷却后便形成一个小气泡。由于气体比较轻,因此,无论水准管处于何种位置,气泡总是处于管内最高位置。水准管圆弧对称点$O$称为水准管的零点,当气泡两端以零点为中心对称时,称为气泡居中,此时水准管轴处于水平位置。如果视准轴与水准管轴平行,则视准轴也处于水平位置。管水准器的分划值一般为$20''/2$ mm,精度较高,用于精确整平仪器。

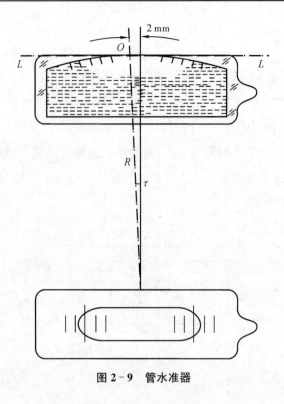

图 2-9　管水准器

## 附 1.3　基座

　　基座起支撑仪器和连接仪器与三脚架的作用,其由轴座、底板、三角压板及三个脚螺旋构成,通过旋转三个脚螺旋可整平仪器。

# 附录2　自动安平水准仪基本构造和功能介绍

自动安平水准仪与微倾式水准仪外形相似,操作也近于相似,在此不再赘述。两者的主要区别有两点:(1)自动安平水准仪的机械部分采用了摩擦制动控制望远镜的转动,

无制动螺旋;(2)自动安平水准仪在望远镜的对光透镜和十字丝分划板之间安设有一个自动补偿器,代替管水准器起到自动安平仪器的作用,当望远镜视线有微量倾斜时,补偿器能够在重力作用下对望远镜做相对移动,从而能自动而且迅速地获得视线水平时的标尺读数。图2-10所示为 DSZ₃ 自动安平水准仪内部光路结构示意图。

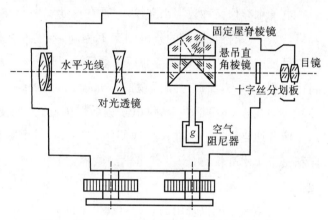

**图2-10　DSZ₃ 自动安平水准仪内部光路结构**

自动安平水准仪由于没有制动螺旋、管水准器和微倾螺旋,在观测时,只需将仪器粗略整平后,即可直接通过望远镜读取水准尺读数,因此,自动安平水准仪的优点是省略了“精平”的过程,从而简化了操作程序,提高水准测量的速度。近几年,国产 S3 级自动安平水准仪已广泛应用于建筑工程测量作业中。图2-11为天津赛特测机有限公司生产的 APO 自动安平水准仪构造图。

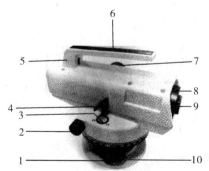

1-脚螺旋手轮;2-水平循环微动手轮;3-圆水准泡;4-水泡反射镜;5-提把;
6-提把盖;7-调焦手轮;8-目镜罩;9-目镜;10-基座

**图2-11　APO 自动安平水准仪构造**

# 附录 3　电子水准仪基本构造和功能介绍

## 附 3.1　电子水准仪的基本原理

电子水准仪又称数字水准仪,它是在自动安平水准仪的基础上研发的。它采用条码标尺,因各厂家标尺编码的条码图案不相同,不能互换使用。目前照准标尺和调焦仍需人工目视进行,人工完成照准和调焦之后,标尺条码一方面被成像在望远镜分划板上,供目镜观测;另一方面通过望远镜的分光镜,标尺条码又被成像在光电传感器(又称探测器)上,即线阵 CCD 器件上,供电子读数。因此,如果使用传统水准标尺,电子水准仪又可以像普通自动安平水准仪一样使用。但这时的测量精度低于电子测量的精度。特别是精密电子水准仪,由于没有光学测微器,当作为普通自动安平水准仪使用时,其精度更低。

当前电子水准仪采用的三种自动电子读数方法:

① 几何法(蔡司 DiNi12/12T/22);

② 相关法(徕卡 NA3002/3003);

③ 相位法(拓普康 DL‑101C/102C)。

电子水准仪的三种测量原理各有特点,三类仪器都经受了各种检验和实际测量的考验,能胜任精密水准测量作业。目前我国的一些测绘仪器生产厂家也研发出电子水准仪,如南方测绘的 DL‑201/202/2007 电子水准仪、南京久测 ZDL700 电子水准仪、北京博飞 DAL0732 电子水准仪、苏州一光 EL100 电子水准仪等,均可供生产单位选用。

## 附 3.2　电子水准仪的特点

电子水准仪是以自动安平水准仪为基础,在望远镜光路中增加了分光镜和探测器(CCD),并采用条码标尺和图像处理电子系统而构成的光电测量一体化的高科技产品。采用普通标尺时,又可像一般自动安平水准仪一样使用。它与传统仪器相比有以下特点:

① 自动读数:不存在误读、误记问题,没有人为读数误差。

② 精度高:视线高和视距读数都是采用大量条码分划图像经处理后取平均数而得出。因此,削弱了标尺分划误差的影响。多数仪器都有进行多次读数取平均值的功能,

可以削弱外界条件对观测结果的影响。即使不熟练的作业人员也能进行高精度测量。

③ 速度快：由于省去了报数、听记、现场计算以及人为出错的重测数量等环节，测量时间与传统仪器相比可以节省 1/3 左右。

④ 效率高：具有丰富的测量软件支持，只需调焦和按键就可以自动读数，减轻了劳动强度。视距还能自动记录、检核、处理并能输入电子计算机进行后处理，可实现内外业一体化。

⑤ 仪器菜单功能丰富，内置功能强，操作界面友好，有各种信息提示，大大方便了实际操作。

⑥ 自动存储：可选择仪器内存或 SD 卡存储，实现数字化作业。

### 附 3.3　蔡司 DiNi12 电子水准仪的使用

蔡司 DiNi12 电子水准仪（也称天宝 DiNi03）由以下几部分组成：望远镜、补偿器、光敏二极管、水准器及脚螺旋等。图 2-12(a) 为 DiNi12 电子水准仪的外观图，图 2-12(b) 为该仪器的操作面板及显示窗口，表 2-3 为 DiNi12 电子水准仪的主要技术参数。

22键方便输入，菜单对话式操作，符合人体功能学的键盘

　　(a) 外观图　　　　　　　(b) 操作面板及显示窗口

**图 2-12　DiNi12 电子水准仪**

**表 2-3　DiNi12 电子水准仪主要技术参数**

| 项　目 | 内　容 | 项　目 | 内　容 |
|---|---|---|---|
| 仪器精度 | 双向水准测量每千米标准差<br>电子测量：<br>因瓦精密编码尺　0.3 mm<br>折叠编码尺　1.0 mm<br>光学水准测量　1.5 mm<br>（折叠尺，米制） | 测量范围 | 电子测量：<br>因瓦精密编码尺　1.5～100 m<br>折叠编码尺　1.5～100 m<br>光学水准测量　从 1.3 m 起<br>（折叠尺，米制） |
| 测距精度 | 视距为 20 m 的电子测距：<br>因瓦精密编码尺　20 mm<br>折叠编码尺　25 mm<br>光学水准测量　0.2 m<br>（折叠尺，米制） | 最小显示单位 | 测高 0.01 mm<br>测距 1.0 mm |
| | | 补偿器 | 偏移范围 ±1.5′<br>设置精度 ±0.2″ |

1) 测量准备

（1）安置仪器

① 松开脚架的三个制动螺旋，展开架腿，将脚架升至合适高度（仪器安放后望远镜大致与眼睛平齐），并使脚架架头基本水平，旋紧三个制动螺旋并将脚架踩入地面使之稳固；

② 打开仪器箱，将仪器安置在三脚架上，旋紧基座下面的连接螺旋；

③ 调节脚螺旋使圆水准气泡居中；

④ 在明亮背景下对望远镜进行目镜调焦，使十字丝清晰。

（2）照准目标

① 转动望远镜大致照准水准尺（注：该仪器为阻尼制动，无制动螺旋），用瞄准器进行粗瞄；

② 调节物镜调焦螺旋使尺子影像清晰，用水平微动螺旋使十字丝精确对准条码尺的中央，注意消除视差。

（3）开机

① 开机前必须确认电池已充好电，仪器应和周围环境温度相适应；

② 用 ON/OFF 键启动仪器，在简短的显示程序说明和公司简介后，仪器进入工作状态，这时可根据选项设置测量模式；

③ 选项有 3 种：单次测量、路线水准测量、校正测量；

④ 测量模式有 8 种：后前、后前前后、后前后前、后后前前、后前（奇偶站交替）、后前前后（奇偶站交替）、后前后前（奇偶站交替）、后后前前（奇偶站交替），可选用适当的测量模式进行；

⑤ 可直接输入点号、点名、线名、线号以及代号信息；

⑥ 可直接设定正/倒尺模式。

2) 测量过程

设置完成后，即可按照所要求的水准测量程序进行水准测量。

## 2.2 角度测量

### 2.2.1 知识要点

角度测量是测量的三项基本工作之一,其目的是为了确定地面点的位置,它包括水平角测量和竖直角测量。水平角测量用于确定地面点的平面位置,竖直角测量用于间接测定地面点的高程。既能测量水平角又能测量竖直角的仪器就是经纬仪。

(1) 水平角测量原理

从地面上一点到两个目标的方向线垂直投影在水平面上所形成的夹角称为水平角。如图 2-13 所示,$A$、$B$、$C$ 是三个高度不同的地面点,$B_1A_1$ 和 $B_1C_1$ 为空间直线 $BA$ 和 $BC$ 在水平面上的投影,$B_1A_1$ 与 $B_1C_1$ 的夹角 $\beta$ 即为地面点 $B$ 上由 $BA$、$BC$ 两方向线构成的水平角。

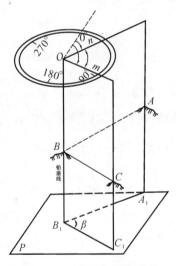

**图 2-13 水平角测量原理**

为了测定水平角 $\beta$,可以设想在过角顶点 $B$ 点的上方安置一个水平放置的带有顺时针刻划和注记的圆盘,即水平度盘,并使其圆心 $O$ 在过 $B$ 点的铅垂线上,直线 $BC$、$BA$ 在水平度盘上的投影为 $Om$、$On$。若能读出 $Om$ 和 $On$ 在水平度盘上的读数 $m$ 和 $n$,则水平角 $\beta$ 就等于 $m$ 减 $n$,用公式表示为

$$\beta=右目标读数\ m-左目标读数\ n$$

由此可知：用于测量水平角的仪器必须有一个能安置成水平、且能使其中心处于过测站点铅垂线上的水平度盘；必须有一套能精确读取度盘读数的读数装置；还应有一套不仅能上下转动成竖直面，还能绕铅垂线水平转动的照准设备——望远镜，以便能够精确照准方向、高度和远近不同的目标。

（2）竖直角测量原理

竖直角是指在同一竖直面内，测站点到目标点的视线与水平线之间的夹角，用 $\alpha$ 表示。竖直角有仰角和俯角之分，以水平线为基准，视线在水平线以上，称为仰角，定义角值为正，如图 2-14(a)中的 $\alpha_A$，角值范围为 $0°\sim90°$；视线在水平线以下，称为俯角，定义角值为负，如图 2-14(b)中的 $\alpha_C$，角值范围为 $-90°\sim0°$。

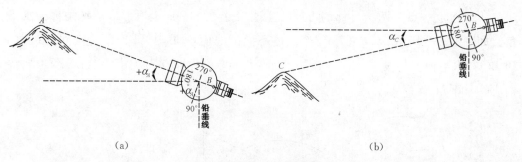

**图 2-14　竖直角测量原理**

为了观测竖直角，仪器上必须装置一个带有刻画注记的竖直圆盘，即竖直度盘。该度盘中心应安置在望远镜的旋转轴上，并能够随望远镜一起转动，通过瞄准设备和读数装置可分别获得瞄准目标的视线读数和水平视线的读数，从而计算出竖直角的角值。

经纬仪就是根据上述原理而设计制造的一种测角仪器。按照度盘刻画和读数方式的不同，可分为游标经纬仪、光学经纬仪和电子经纬仪，目前主要使用的是后两者，游标经纬仪已被淘汰。按照"一测回方向观测中误差"这一精度指标，经纬仪可分为 $DJ_{07}$、$DJ_1$、$DJ_2$、$DJ_6$ 等几个等级，D 和 J 分别是"大地测量"和"经纬仪"汉语拼音的首字母，数字 07、1、2、6 等表示该仪器的精度等级，以秒为单位。目前工程测量中较常用的是 $DJ_6$ 光学经纬仪。

在使用经纬仪测量角度时，为了消除仪器的一些误差，通常采用盘左盘右的观测方式。盘左又称正镜，指竖直度盘位于望远镜的左侧；盘右又称倒镜，指竖直度盘位于望远镜的右侧。水平角观测通常采用测回法和方向观测法。测回法适用于观测两个方向之间的单角,而方向观测法适用于方向数在三个或三个以上的角度测量。

竖直角观测应用十字丝的横丝瞄准目标的特定位置。与水平角计算原理一样,竖直角也应是两个方向线的竖直度盘读数之差,但是,由于视线水平时的竖盘读数为一常数值(通常为 90°的整倍数),故进行竖直角测量时,只需读取目标方向线的竖盘读数,便可根据不同竖盘注记形式相对应的竖直角计算公式计算出所测目标的竖直角。

### 2.2.2　实验:DJ₆光学经纬仪的认识与操作使用

(1) 实验目的

① 熟悉 DJ₆光学经纬仪的基本构造及各部件的功能。

② 练习经纬仪的对中、整平、照准与读数,并掌握基本操作要领。

(2) 实验仪器和工具

DJ₆经纬仪一台,三脚架一个,记录板一块。

(3) 实验内容

① 熟悉经纬仪各构件的名称及作用。

② 掌握经纬仪对中、整平、照准的操作流程。

③ 了解经纬仪的读数系统,并掌握其读数方法。

④ 小组成员轮换操作仪器。

(4) 实验方法和步骤

① 安置经纬仪

A. 首先在实验场地的适当位置选定测站点,并做好标记。将三脚架打开,安置脚架于测站点上,注意脚架高度适中,并使脚架顶面大致水平,拧紧架腿上的三个固定螺旋。

打开仪器箱,将经纬仪从箱中取出,安置到脚架顶面上,拧紧中心连接螺旋。熟悉仪器构造和各部件的功能。练习正确使用仪器的制动螺旋、微动螺旋、调焦螺旋和角螺旋等,了解读数系统和读数方法以及水平度盘变换手轮的作用和使用。

B. 仪器对中。

锤球对中方法:将锤球悬挂在脚架中心螺旋下面的挂勾上;移动三脚架使锤球尖大致对准测站点,再稍微松开脚架的连接螺旋,双手扶住经纬仪的基座,在脚架顶面上平移仪器,使锤球精确对准测站点(对中误差小于 3 mm),然后再拧紧连接螺旋。

光学对中方法:光学对中器的视线垂直依赖于仪器的整平,因此采用光学对中器对中时,仪器的对中和整平是相互影响的,即对中和整平需要同时进行。首先使仪器中心大致对准地面上的测站点,旋转对中器的目镜,使分划板清晰,再拉伸对中器镜筒,使测站点的成像清晰。踩紧操作者对面的三脚架腿,目视对中器的目镜,双手将其他两个架腿略微提起移动,使分划板中心对准测站点,将两架腿轻轻放下并踩紧,镜中分划板十字丝中心与测站点若略有偏离,则可旋转角螺旋使其重新对准;伸缩脚架的架腿(架腿不要离地),使基座上的圆水准器泡居中,即初步完成了仪器的对中与整平;用角螺旋整平水准管气泡,再观察对中器的目镜,若分划板十字丝中心与测站点又发生了偏离,则可略旋松连接螺旋,在脚架顶面上平移仪器使其精确对中(对中误差小于 1 mm)。

C. 仪器整平。

松开仪器水平制动螺旋,转动照准部使管水准器平行于某两个角螺旋的连线,按照图 2‑15(a)所示,使管水准器气泡居中。将照准部旋转 90°,按照图 2‑15(b)所示,轻轻转动另一个角螺旋,使水准管气泡居中。重复上述两个步骤,直至照准部旋转到任何位置,水准管气泡偏离都不超过 1 格。

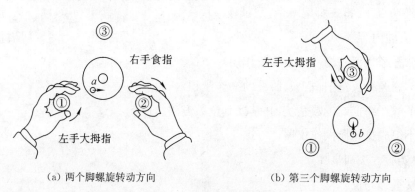

(a) 两个脚螺旋转动方向　　　　　　　　(b) 第三个脚螺旋转动方向

**图 2‑15　概略整平方法**

仪器整平后再检查仪器对中情况,若发现对中有偏差,可松开脚架中心的连接螺旋,在脚架顶面上轻微移动仪器再进行对中,拧紧后仍需整平仪器,这样反复几次,就可对中整平仪器。

② 瞄准目标

将望远镜对准明亮的地方,旋转目镜调焦螺旋,使十字丝分划板清晰。

利用望远镜上的概略瞄准器瞄准目标,再从望远镜中观看,若目标位于视场内,可固定望远镜的制动螺旋。旋转望远镜调焦螺旋使目标成像清晰。

当眼睛在目镜端上下或左右移动发现有视差时,应仔细调整目镜和物镜的调焦螺旋以消除视差。

调节望远镜和照准部的微动螺旋,用十字丝的竖丝平分目标(或将目标夹在双丝中间),瞄准目标时尽可能瞄准其底部。

③ 读数

调节反光镜使读数窗亮度适当。

旋转读数显微镜的目镜,使度盘和分微尺的刻画清晰,并注意区别水平度盘与竖直度盘读数窗。

根据使用的仪器读取系统的结构,用测微尺或单平板玻璃测微器读数并记录。估读至 $0.1'$(即 $6''$ 的整倍数)。盘左瞄准目标,读取水平度盘读数,纵转望远镜,盘右再瞄准该目标读数,两次读数之差约为 $180°$,以此检核瞄准和读数是否正确。

(5) 实验记录表格

**DJ₆光学经纬仪的使用**

观测日期＿＿＿＿＿　班级＿＿＿＿＿　第＿＿＿＿＿组　观测者＿＿＿＿＿

仪器型号＿＿＿＿＿　地点＿＿＿＿＿　天气＿＿＿＿＿　记录者＿＿＿＿＿

| 测站 | 竖盘位置 | 目标 | 水平度盘读数/ (° ′ ″) | 半测回角值/ (° ′ ″) | 一测回角值/ (° ′ ″) | 各测回平均角值/ (° ′ ″) | 备注 |
|---|---|---|---|---|---|---|---|
| | 盘左 | | | | | | |
| | 盘右 | | | | | | |
| | 盘左 | | | | | | |
| | 盘右 | | | | | | |

(6) 注意事项

① 从仪器箱中取出仪器前,应注意观察仪器的安放位置,以免仪器装箱时不能回放到原位。

② 仪器在脚架顶面未固连好之前,手必须握紧仪器,以防仪器跌落。转动照准部或望远镜之前,应先松开制动螺旋,用力要轻;一旦发现转动不灵,应及时检查原因,不可强制转动。

③ 观测过程中,在同一测回间一般不允许重新整平仪器,确实有必要时(如照准部水准管气泡偏离中心位置大于 1 格),应重新整平仪器后重新观测;不同测回之间允许重新整平仪器。

### 2.2.3　实验：测回法测量水平角

（1）实验目的

① 掌握测回法测量水平角的操作、记录及计算方法。

② 使用光学对中法对中仪器，要求对中误差小于 1 mm。

仪器整平要求水准管气泡偏离不超过 1 格。

③ 水平角观测上、下半测回角值之差不超过 $\pm 40''$，各测回角值互差不超过 $\pm 24''$。

（2）实验仪器和工具

$DJ_6$ 光学经纬仪一台，三脚架一个，记录板一块。

（3）实验内容

练习用测回法测量水平角，并掌握各测回配置水平度盘起始读数的方法。各测回水平度盘起始读数的配置按照 $180°/n$ 的间隔来配置。

（4）实验方法和步骤

① 安置经纬仪于测站点上，并对中、整平。

② 盘左照准左目标，用度盘变换手轮配置水平度盘起始读数略大于零度，关闭度盘变换器，再将起始读数记入手簿；松开照准部制动螺旋，顺时针转动照准部，照准右目标，读数并记入手簿，称为上半测回。计算上半测回角值：

$$\beta_左 = b_1 - a_1（左目标读数-右目录读数）$$

③ 倒转望远镜，盘右先照准右目标，读数并记入手簿；松开照准部制动螺旋，逆时针旋转照准部照准左目标，读数并记入手簿，称为下半测回。计算下半测回角值：

$$\beta_右 = b_2 - a_2$$

检查上、下半测回角值互差是否超限，若没有超限，则计算一测回角值：

$$\beta = (\beta_左 + \beta_右)/2$$

④ 测完第一测回后，应检查水准管气泡是否偏离；若气泡偏离值小于 1 格，则可测第二测回。第二测回开始观测前，水平度盘始读数要配置在 90° 左右，再重复第一测回的各步骤。当两个测回间的测回差不超过 24″ 时，再取平均值。

测站观测完毕后，应立即检查各测回角值互差是否超限，并计算各测回平均角值。

（5）实验记录表格

**测回法观测水平角记录表**

观测日期_____　　班级_____　　第_____组　　观测者_____

仪器型号_____　　地点_____　　天气_____　　记录者_____

| 测站 | 竖盘位置 | 目标 | 水平度盘读数/<br>(° ′ ″) | 半测回角值/<br>(° ′ ″) | 一测回角值/<br>(° ′ ″) | 各测回平均角值/<br>(° ′ ″) | 备注 |
|------|---------|------|----------|----------|----------|----------|------|
|  | 盘左 |  |  |  |  |  |  |
|  | 盘右 |  |  |  |  |  |  |
|  | 盘左 |  |  |  |  |  |  |
|  | 盘右 |  |  |  |  |  |  |

（6）注意事项

① 一测回观测过程中,当水准管气泡偏离超过 1 格时,应重新整平后重测。

② 观测目标不应过粗或过细,否则用单丝平分或双丝夹住目标均有困难。

### 2.2.4　实验:方向观测法测量水平角

（1）实验目的

① 掌握方向观测法测量水平角的操作、记录及计算方法。

② 使用光学对中法对中仪器,要求对中误差小于 1 mm。

仪器整平要求水准管气泡偏离不超过 1 格。

③ 半测回归零差不超过 $\pm 18''$;同一方向值各测回方向值互差不超过 $\pm 24''$。

（2）实验仪器和工具

$DJ_6$ 经纬仪一台,三脚架一个,记录板一块。

（3）实验内容

练习方向观测法测量水平角,各测回水平度盘起始读数的配置仍按照 $180°/n$ 的间隔来配置。

（4）实验方法和步骤

① 安置经纬仪于测站点上,对中、整平后,选定 $A$、$B$、$C$、$D$ 四个目标点(选择一个通视良好、目标清晰的方向作为起始方向 $A$,目标点按顺时针方向编号 $A{\rightarrow}B{\rightarrow}C{\rightarrow}D$)。

② 盘左观测。先照准起始目标点 $A$,配置水平度盘读数略大于零,读数并记入手簿;顺时针转动照准部依次瞄准目标 $B$、$C$、$D$、$A$ 点,分别读取水平度盘读数并记入手簿。$A$

点两次读数之差值称为上半测回归零差,其值应小于±24″。

③ 倒转望远镜,盘右观测。从起始方向 $A$ 点开始,逆时针方向依次瞄准目标点 $D$、$C$、$B$、$A$,分别读取水平度盘读数并记入手簿。$A$ 点两次读数差值称为下半测回归零差,其值也应小于±24″。

④ 根据观测结果计算 2C 值和各方向平均读数,再计算归零后的方向值。

⑤ 同一测站、同一目标、各测回归零后的方向值之差应小于±24″。

(5) 实验记录表格

### 方向观测法观测水平角记录表

观测日期_____　　班级_____　　第_____组　　观测者_____

仪器型号_____　　地点_____　　天气_____　　记录者_____

| 测站 | 测回数 | 目标 | 读数 | | 2C=左－(右±180°) | 平均读数=$\frac{1}{2}$[左+(右±180°)] | 归零后方向值 | 各测回归零方向值的平均值 |
|---|---|---|---|---|---|---|---|---|
| | | | 盘左 | 盘右 | | | | |
| | | | ° ′ ″ | ° ′ ″ | ° ′ ″ | ° ′ ″ | ″ | ° ′ ″ |
| 1 | 2 | 3 | 4 | 5 | 6 | 7 | 8 | 9 |
| *O* | 1 | A | | | | | | |
| | | B | | | | | | |
| | | C | | | | | | |
| | | D | | | | | | |
| | | A | | | | | | |
| *O* | 2 | A | | | | | | |
| | | B | | | | | | |
| | | C | | | | | | |
| | | D | | | | | | |
| | | A | | | | | | |

(6) 注意事项

① 应选择远近适中、易于瞄准的清晰目标作为起始方向。

② 如果方向数只有三个时可以不归零。

### 2.2.5 实验:竖直角测量与竖盘指标差检验

(1) 实验目的

① 掌握竖直角观测、记录及计算方法。

② 掌握竖盘指标差的计算方法。

③ 同一组观测所测得的各测回竖盘指标差互差应小于±25″。

(2) 实验仪器和工具

DJ$_6$ 光学经纬仪一台,三脚架一个,记录板一块。

(3) 实验内容

① 根据实验使用的 DJ$_6$ 光学经纬仪的竖盘注记形式,能正确判断出仪器竖直角计算公式。

② 用盘左、盘右观测目标点测量竖直角。

(4) 实验方法和步骤

① 安置经纬仪于测站点上,对中、整平后,选定 $A$、$B$ 两个目标点。

② 通过读数窗观察竖盘注记形式并确定写出竖直角计算公式:盘左并使望远镜视线大致水平,确定竖盘始读数,然后将望远镜物镜慢慢上仰,观察竖盘读数变化情况。若竖盘读数减小,则竖直角等于竖盘始读数减去瞄准目标时的读数,即

$$\alpha_L = 90° - L$$
$$\alpha_R = R - 270°$$

反之,则相反,即

$$\alpha_L = L - 90°$$
$$\alpha_R = 270° - R$$

③ 盘左,用十字丝中横丝切于目标 $A$ 顶端,转动竖盘指标水准管微动螺旋,使竖盘指标水准管气泡居中(带有竖盘指标补偿装置的经纬仪可省略此项操作,但观测时需打开此装置锁钮),读取竖盘读数 $L$,记入手簿并计算出竖直角 $\alpha_L$。

④ 盘右。同法观测目标 $A$,读取盘右读数 $R$,记录并计算出竖直角 $\alpha_R$。

⑤ 计算竖盘指标差:$x = \frac{1}{2}(\alpha_R - \alpha_L) = \frac{1}{2}(L + R - 360°)$。

⑥ 计算竖直角平均值:$\alpha = \frac{1}{2}(\alpha_L + \alpha_R)$ 或者 $\alpha = \frac{1}{2}(R - L - 180°)$。

⑦ 同法测定目标 $B$ 的竖直角并计算指标差。检查指标差是否超限。

（5）实验记录表格

**竖直角观测记录表**

观测日期＿＿＿＿＿＿　　班级＿＿＿＿＿＿　　第＿＿＿＿＿组　　观测者＿＿＿＿＿＿

仪器型号＿＿＿＿＿＿　　地点＿＿＿＿＿　　天气＿＿＿＿＿　　记录者＿＿＿＿＿＿

| 测站 | 目标 | 竖直度盘位置 | 竖直度盘读数/ (° ′ ″) | 半测回竖直角/ (° ′ ″) | 指标差/ (″) | 一测回竖直角/ (° ′ ″) |
|------|------|-------------|------------------------|------------------------|-------------|------------------------|
|      |      |             |                        |                        |             |                        |
|      |      |             |                        |                        |             |                        |
|      |      |             |                        |                        |             |                        |
|      |      |             |                        |                        |             |                        |

（6）注意事项

① 盘左、盘右瞄准某一目标时,应该用十字丝横丝瞄准目标同一位置。

② 对于有竖盘指标水准管的经纬仪,每次读数前都应调整竖盘指标水准管气泡居中;对于有竖盘指标补偿装置的经纬仪,每次读数前都应开启竖盘指标补偿器锁钮。

③ 计算竖直角和指标差时应注意角值的正、负号。

### 2.2.6　实验:经纬仪的检验与校正

（1）实验目的

① 熟悉经纬仪各主要轴线之间应满足的几何条件。

② 熟悉 DJ$_6$ 光学经纬仪检验与校正方法。

（2）实验仪器与工具

DJ$_6$ 光学经纬仪一台,校正针一根,螺钉旋具一把, 花杆两根,记录板一块。

（3）实验内容

① 照准部水准管轴垂直于仪器竖轴的检验与校正;

② 十字丝竖丝垂直于仪器横轴的检验与校正;

③ 视准轴垂直于仪器横轴的检验与校正;

④ 仪器横轴垂直于仪器竖轴的检验与校正。

（4）实验方法与步骤

① 仪器检视

安置仪器后,首先检查三脚架是否牢固平稳,架腿伸缩是否灵活,各种制动螺旋与微动螺旋、对光螺旋与基座脚螺旋是否有效,望远镜及读数显微镜成像是否清晰。

② 照准部水准管轴垂直于仪器竖轴的检验与校正

检验：安置好仪器后，调节两个脚螺旋，使水准管气泡严格居中，旋转照准部180°，若气泡偏离中心大于1格，则需校正。

校正：用矫正针拨动水准管的校正螺钉，使气泡返回偏离格值的一半，另一半用脚螺旋调节，使气泡居中。若气泡偏离值小于1格，一般可不校正。

③ 十字丝竖丝垂直于仪器横轴的检验与校正

检验：用十字丝交点照准一个明显的点状目标，转动望远镜微动螺旋，观察目标点移动情况，若该目标离开竖丝，则需要校正。

校正：旋下望远镜目镜处的护罩，用螺钉旋具拨松十字丝分划板座的四个固定螺旋，微微转动十字丝环，使竖丝末端与该目标重合。重复上述检验，满足要求后，再旋紧四个固定螺旋并装上护罩即可。

④ 视准轴垂直于仪器横轴的检验与校正

检验：在 $O$ 点安置经纬仪，从该点向两侧量取30~50 m，定出等距离的 $A$、$B$ 两点。在 $A$ 点竖立标杆，在 $B$ 点横置一根有毫米刻画的钢尺，尺身与 $AB$ 方向线垂直并与仪器大致同高。盘左瞄准目标 $A$，固定照准部，纵转望远镜在尺上定出 $B_1$ 点；盘右同法定出 $B_2$ 点。若 $B_1$、$B_2$ 点重合，则该条件满足。否则需要校正。

校正：先在 $B$ 点尺上定出一点 $B_3$，使用校正针拨动十字丝左、右两个校正螺丝，一松一紧，使十字丝交点与 $B_3$ 点重合。反复检校，直到 $B_1B_2 \leqslant 20$ mm 为止。

⑤ 仪器横轴垂直于仪器竖轴的检验与校正

检验：选择一个适宜测量作业的建筑物，在距离建筑物约30 m处安置仪器，盘左瞄准墙上一高处照准标志点 $P$，观测并计算出竖直角 $\alpha$，再使望远镜大致水平，将十字丝交点投在墙上定出 $P_1$ 点；纵转望远镜，盘右位置同法又在墙上定出 $P_2$ 点。若 $P_1$、$P_2$ 重合，则横轴与竖轴垂直。否则，按下式计算出横轴误差：

$$i = \frac{P_1P_2\cot\alpha}{2D}\rho''$$

当 $i > 20''$ 时，需要校正。

校正：先确定出 $P_1$ 和 $P_2$ 的两点之间的中点 $P_M$，使十字丝交点瞄准 $P_1P_2$ 的中点 $P_M$，固定照准部；向上转动望远镜至 $P$ 点附近，这时十字丝交点必然偏离 $P$ 点。通过调整横轴的校正螺丝使横轴的一端升高或降低，直到十字丝交点瞄准 $P$ 点为止。此时，横轴已垂直于竖轴，应反复检校，直到 $i$ 角小于 $20''$。

（5）实验记录表格

## 经纬仪的检验与校正

观测日期_____ 班级_____ 第_____组 观测者_____

仪器型号_____ 地点_____ 天气_____ 记录者_____

① 一般性检验结果

三脚架_____,水平制动与制动螺旋_____,望远镜制动与微动螺旋_____,照准部转动_____,望远镜转动_____,望远镜成像_____,脚螺旋_____。

② 照准部水准管检验与校正

| 检验次数 | 1 | 2 | 3 | 4 | 5 |
|---|---|---|---|---|---|
| 气泡偏离格数 | | | | | |

③ 十字丝竖丝的检验与校正

| 检验次数 | 1 | 2 | 3 | 4 | 5 |
|---|---|---|---|---|---|
| 偏离情况 | | | | | |

④ 视准轴的检验与校正

| 检验次数 | 尺上读数 | | $\dfrac{B_2-B_1}{4}$ | 正确读数 $B_3=B_2-\dfrac{B_2-B_1}{4}$ |
|---|---|---|---|---|
| | 盘左:$B_1$ | 盘右:$B_2$ | | |
| | | | | |
| | | | | |

⑤ 横轴的检验与校正

| 检验次数 | 水平距离 $D$/mm | $P_1P_2$/mm | 竖直角 $\alpha$/(° ′ ″) | 横轴误差 $i$/(″) |
|---|---|---|---|---|
| | | | | |
| | | | | |

（6）注意事项

① 实验过程应按实验步骤逐项进行检验和校正。校正结束后,应使各校正螺丝处于旋紧状态。

② 第五项校正因需要取下仪器支架盖板,配合专业器具进行操作,故该项校正应交由专业维修人员进行。

# 附录4 DJ₆ 光学经纬仪基本构造和功能介绍

DJ₆ 光学经纬仪的基本构造如图 2-16 所示,主要由照准部、水平度盘和基座三个部分组成,其结构如图 2-17 所示。

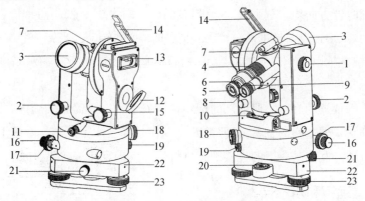

1—望远镜制动螺旋;2—望远镜微动螺旋;3—物镜;4—物镜调焦螺旋;5—目镜;6—目镜调焦螺旋;7—光学粗瞄器;
8—度盘读数显微镜;9—度盘读数显微镜调焦螺旋;10—照准部管水准器;11—光学对中器;12—度盘照明反光镜;
13—竖盘指标管水准器;14—竖盘指标管水准器观察反射镜;15—竖盘指标管水准器微动螺旋;
16—水平制动螺旋;17—水平微动螺旋;18—水平度盘变换螺旋;19—水平度盘变换锁止螺旋;
20—基座圆水准器;21—轴套固定螺丝;22—基座;23—脚螺旋

**图 2-16 DJ₆ 光学经纬仪的基本构造**

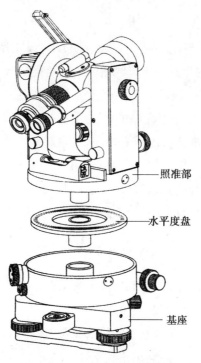

照准部

水平度盘

基座

**图 2-17 DJ₆ 光学经纬仪结构**

照准部可绕竖轴旋转,同时望远镜可绕横轴旋转,横轴支架上安置有一竖直度盘和竖盘指标水准管。照准部旋转轴的中心线称为竖轴,望远镜旋转轴的中心线称为横轴。竖轴应垂直于横轴。照准部制动螺旋和微动螺旋用于精确照准目标。照准部水准管和圆水准器,用于精确整平仪器。

水平度盘是由光学玻璃制成的带有刻画和注记的圆盘,安装在仪器的竖轴上,在度盘的边缘按顺时针方向均匀刻画成 360 份,刻画值范围为 0°～360°,每一份就是 1°。在测量角度过程中,水平度盘与照准部分离,不随照准部仪器转动。当转动照准部,用望远照瞄准目标时,视准轴由一个目标转动到另一目标,此时读数所指示的水平度盘数值的变化即为两目标间的水平角度值。

基座是支撑仪器的底座。照准部的旋转轴插入水平度盘筒状轴套内,并连同水平度盘筒状轴套插入仪器基座的轴套内,照准部可以在基座上水平旋转。基座上的三个脚螺旋用来整平仪器。利用基座上的连接螺旋可将经纬仪固定在三脚架顶面上。

### 附 4.1　望远镜和水准器

望远镜用于精确瞄准远处的测量目标,与水准仪一样,经纬仪的望远镜也是由物镜、调焦透镜、十字丝分划板和目镜等组成。

经纬仪的水准器包括圆水准器和管水准器两种。

### 附 4.2　竖直度盘

竖直度盘固定在仪器横轴的一端,当望远镜转动时,竖盘随望远镜在竖直面内一起转动。在竖盘上进行读数的指标位于读数窗内。竖盘指标水准管与竖盘转向棱镜、竖盘照明棱镜、显微物镜组固定在微动架上。竖盘分划的影像通过竖盘光路成像在读数窗内。望远镜转动时,传递竖盘分划光路的位置并不改变,所以可在读数窗内进行读数。但是,如果转动竖盘指标水准管微动螺旋,可使光路发生变化,从而使成像在读数窗上的竖盘部位发生变化,即读数发生变化。在正常情况下,当竖盘指标水准管气泡居中时,竖盘指标就处于正确位置。因此,每次竖盘读数前,应先调节竖盘指标水准管微动螺旋使气泡居中。竖盘注记方式分为按顺时针方向注记和按逆时针方向注记两种形式。

### 附 4.3　读数系统

常见的光学经纬仪的读数设备包括分微尺测微器和单平板玻璃测微器两种。

1）分微尺测微器读数方法

分微尺长度等于放大了的度盘上相邻分划线所对的圆心角（度盘的分划值或格值）,即 1°,分微尺被分成 60 个小格,每个小格代表 1′,在小格区间内可估读到 0.1′。图 2-

18 为读数显微镜所看到的度盘和分微尺的影像,上面注有"H"的为水平度盘读数窗,下面注有"V"的为竖直度盘读数窗。其中长线和大号数字为度盘上的分划线及注记。读数时,可先读出落在分微尺上的度盘分划线的注记(度数),然后再读出不足 1° 的角度值(分及分的 0.1 位)。图中所示的水平度盘读数为 $214°54'42''$,竖直度盘的读数为 $79°05'30''$。

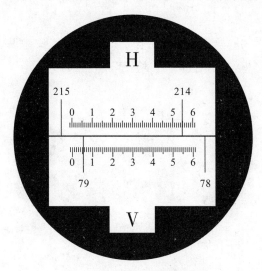

**图 2-18　测微尺读数窗视场**

### 2) 单平板玻璃测微器读数方法

图 2-19 为光学显微镜中的度盘和测微分划尺的影像,其中顶部的小读数窗为测微分划尺的影像,中间的读数窗为竖直度盘的影像,下面的读数窗为水平度盘的影像。水平度盘和数值度盘的格值为 $30'$,上部的测微器一大格为 $1'$,一个大格中有 3 个小格,每个小格表示 $20''$。测角时,瞄准目标后,转动测微轮,使双指标线两侧的一条度盘分划线移动到双指标线的中间位置,然后读数。整度数以及整 $30'$ 角度可以根据被夹住的度盘分划线注记读出,不足 $30'$ 的读数从测微分划尺上读出。图中水平度盘读数为 $49°52'20''$,竖直度盘读数为 $107°02'30''$。

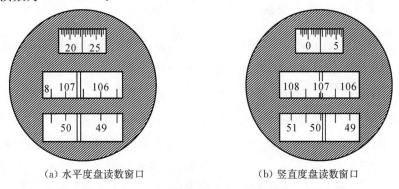

(a) 水平度盘读数窗口　　　　　　　(b) 竖直度盘读数窗口

**图 2-19　单平板玻璃测微器读数窗**

## 附录5　电子经纬仪基本构造和功能介绍

电子经纬仪是在光学经纬仪的基础上研发的新一代角度测量仪器,是全站型电子速测仪的过度产品,图2-20所示是部分厂家生产的电子经纬仪。

（a）北京博飞　　（b）广州南方　　（c）日本尼康　　（d）广州科力达　　（e）苏州一光

**图2-20　部分厂家生产的电子经纬仪**

电子经纬仪的主要特点:

① 采用电子测角系统,能自动显示测量结果,减轻外业作业强度,提高工作效率。

② 可与电磁波测距仪组合成全站型电子速测仪,配合适当的接口,可将观测数据输入计算机,实现数据处理和绘图自动化。

电子测角仍然是采用度盘,但与光学测角不同的是,电子测角是从度盘上取得电信号,然后再转换成角度值,并以数字的形式显示在仪器显示器上。电子经纬仪的测角系统有以下几种:编码度盘测角系统、光栅度盘测角系统、动态测角系统。

### 附5.1　编码度盘测角系统

如图2-21所示,光电编码度盘是在光学度盘刻度圈圆周设置等间隔的透光与不透光区域,称白区与黑区,由它们组成的分度圈称为码道。一个编码度盘有很多同心的码道,码道越多,编码度盘的角度分辨率越高。

电子计数采用二进制编码方法,码盘上的白区与黑区分别表示二进制代码"0"和"1"。为了读取编码,需在编码度盘的每一个码道的一侧设置发光二极管,另一侧设置光敏二极管,它们严格地沿度盘半径方向成一直线。发光二极管发出的光通过码盘产生透光或不透光信号,由光敏二极管转换成电信号,经处理后,以十进制或六十进制自动显示。

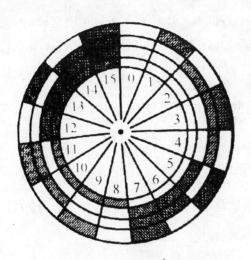

图 2-21　4 个码道的编码度盘

## 附 5.2　光栅度盘测角系统

　　如图 2-22 所示,在圆盘上均匀地刻有许多等间隔的狭缝,称为光栅。光栅的线条处为不透光区,缝隙处为透光区。在光栅盘上下对应位置设置发光二极管光敏二极管,则可使计数器累计求得所移动的栅距数,从而得到转动的角度值。

　　为了提高测角精度,在光栅测角系统中采用了莫尔条纹技术,如图 2-23 所示。产生莫尔条纹的方法是:取一小块与光栅盘具有相同密度和栅距的光栅,与光栅盘以微小的间距重叠,并使其刻线互成一微小夹角 θ,这时就会出现放大的明暗交替的莫尔条纹(栅距由 $d$ 放大到 $W$)。

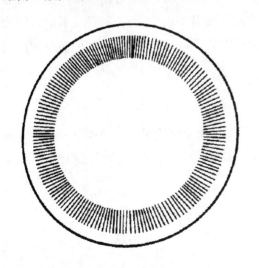

图 2-22　径向光栅

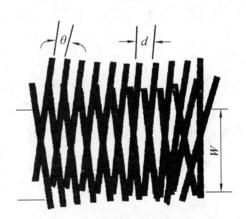

图 2-23　光栅莫尔条纹

测角过程中，转动照准部时，产生的莫尔条纹也随之移动。设栅距和纹距的分划值均为 $\delta$，移动条纹的个数 $n$，和计数不足整条纹距的小数 $\Delta\delta$，则角度值可写为

$$\varphi=n\delta+\Delta\delta$$

北京拓普康仪器有限公司生产的 $DJD_2$ 型电子经纬仪即采用光栅度盘测角系统，测角精度为 $2''$。

### 附 5.3　动态测角系统

如图 2-24 所示，在度盘上刻有 1024 个分划，两条分划条纹的角距为 $\varphi_0$，则

$$\varphi_0=\frac{360°}{1024}=21'05.625''$$

$\varphi$ 为光栅盘的单位角度。

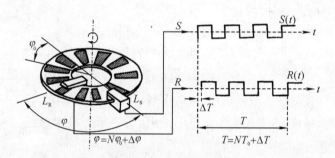

**图 2-24　动态测角原理**

在光栅盘条纹圈外缘，按对径设置一对固定检测光栅 $L_S$，在靠近内缘处设置一对与照准部相固联的活动检测光栅 $L_R$（图 2-24 中仅画出其中的一个）。对径设置的检测光栅可用来消除光栅盘的偏心差。$\varphi$ 表示望远镜照准某方向后 $L_S$ 和 $L_R$ 之间的角度。由图 2-24 可以看出

$$\varphi=N\varphi_0+\Delta\varphi$$

式中：$N$ 为 $\varphi$ 角内所包含的条纹间隔数；$\Delta\varphi$ 为不足一个单位角度 $\varphi_0$ 的小数。

测角时，光栅盘由马达驱动绕中心轴做匀速旋转，记取分划信息，经过粗测、精测处理后，从仪器显示器中显示所测角度值。

## 2.3　距离测量

### 2.3.1　知识要点

距离测量是测量的三项基本工作之一。在测量工作中,需要测定的是地面上两点间的连线在水平面上的投影长度,因此测量的应是两点间连线的水平距离,如果测量得到的是倾斜距离,还应将其改算为水平距离。按照所使用仪器和工具的不同,距离测量的方法可分为钢尺量距、视距测量、光电测距、GPS 测距等。

（1）钢尺量距

① 量距工具

钢尺量距的首要工具是钢尺,又称钢卷尺,其长度有 20 m、30 m 和 50 m 等几种。最小刻画到毫米,有的钢尺仅在零至一分米之间刻画到毫米,其他部分刻画到厘米。在分米和米的刻画处,注有数字。钢尺有卷放在圆盘形的尺壳内的,也有圈放在金属尺架上外露式的。钢卷尺由于尺的零点位置不同,有刻线尺和端点尺之分,如图 2 - 25 所示。

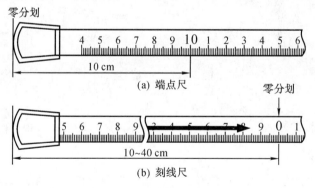

**图 2 - 25　钢尺的分划**

② 直线定线

当地面两点间的距离大于钢尺的一个尺段时,就需要在两点连线的直线方向上标定若干个分段点,以便于用钢尺分段丈量。直线定线的目的是使这些分段点在待量直线端点的连线上,其方法以下两种:

目测定线:如图 2 - 26 所示,$A$ 和 $B$ 为地面上相互通视、待量测距离的两点。先要在直线 $AB$ 上定出 1、2 等点。先在 $A$、$B$ 两点上竖立花杆,甲站在 $A$ 杆后约 1～2 m 处,指挥乙左右移动花杆,直到甲在 A 点沿标杆同一侧看见 A、1、B 三个花杆在同一直线上。用同样方法可定出 2 点,以此类推。直线定线一般应由远及近,即先定出 1 点,再定出2 点。

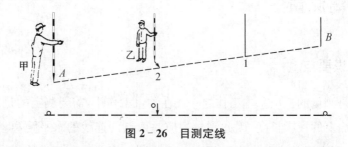

图 2－26　目测定线

经纬仪定线:当直线定线精度要求较高时,可用经纬仪定线。如图 2－27 所示,欲在直线 AB 上精确定出 1、2、3 点的位置,可将经纬仪安置于 A 点,用望远镜照准 B 点,固定照准部制动螺旋,然后将望远镜向下俯视,将十字丝交点投测到木桩上,并钉下小钉以确定出 1 点的位置。同法标定出 2、3 点的位置。

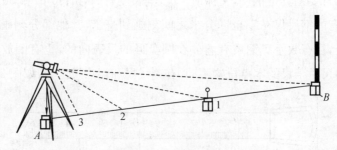

图 2－27　经纬仪定线

③ 距离丈量

距离丈量的方法,有平坦地面的丈量方法、倾斜地面的丈量方法、钢尺精密量距等方法。

（2）视距测量

视距测量是利用望远镜内十字丝分划板上的视距丝及刻有厘米刻画的视距标尺,根据光学和三角学原理同时测定两点间的水平距离和高差的一种快速测距方法。特点是操作简便、测量速度快且不受地形条件的限制,但测距精度较低,测量距离的相对误差约为 1/300,高差测量的精度低于水准测量的精度。视距测量广泛应用于地形测量的碎部测量中。

① 视准轴水平时的视距计算公式

水平距离:

$$D=Kl=100l$$

高差：

$$h = i - v$$

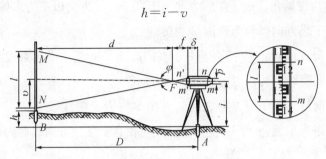

图 2‑28　视准轴水平时的视距测量原理图

② 视准轴倾斜时的视距计算公式

水平距离：

$$D = Kl\cos^2\alpha$$

高差：

$$h = D\tan\alpha + i - v$$

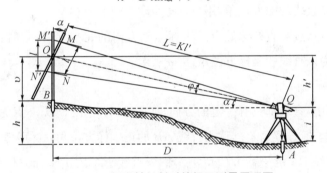

图 2‑29　视准轴倾斜时的视距测量原理图

（3）直线定向

在测量工作中,常常需要确定两点平面位置的相对关系,此时,仅仅测得两点间的水平距离是不够的,还需要知道这条直线的方向,才能确定两点间的相对位置。在测量工作中,一条直线的方向是根据某一标准方向线来确定的,确定直线与标准方向线之间夹角关系的工作称为直线定向。

① 标准方向的分类

**真子午线方向**：过地面上某点的真子午线的切线方向称为该点的真子午线方向。可以用天文测量方法或陀螺经纬仪来测定地面上任一点的真子午线方向。

**磁子午线方向**：过地面上某点的磁子午线的切线方向称为该点的磁子午线方向。可以用罗盘仪来测定地面上某点的磁子午线方向。

由于地球两极与对应的地磁两极不重合,致使磁子午线方向与真子午线方向之间形成一个夹角 $\delta$,称为磁偏角。磁子午线方向偏于真子午线方向以东为东偏,$\delta$ 为正;磁子午线方向偏于真子午线方向以西为西偏,$\delta$ 为负。

**坐标纵轴方向**:过地面上某点且与其所在的高斯平面直角坐标系或测量直角坐标系的坐标纵轴平行的直线称为该点的坐标纵轴方向。

坐标纵轴方向与真子午线方向之间的夹角 $\gamma$ 称为子午线收敛角。坐标纵轴方向在真子午线方向以东为东偏,$\gamma$ 为正;坐标纵轴方向在真子午线方向以西为西偏,$\gamma$ 为负。

② 方位角

**方位角定义**:从某直线起始点的标准方向的北端起,顺时针方向量到此直线的水平角,称为该直线的方位角,角值范围为 $0° \sim 360°$。直线定向时,由于采用的标准方向不同,直线的方位角有如下三种:

**真方位角**:从过某直线起始点的真子午线方向的北端起,按顺时针方向量至此直线的水平角,称为该直线的真方位角,用 $A$ 表示。

**磁方位角**:从过某直线起始点的磁子午线方向的北端起,按顺时针方向量至此直线的水平角,称为该直线的磁方位角,用 $A_m$ 表示。

**坐标方位角**:从过某直线起始点的坐标纵轴方向的北端起,按顺时针方向量至此直线的水平角,称为该直线的坐标方位角,用 $\alpha$ 表示。

③ 正、反坐标方位角

在测量工作中,直线都具有一定的方向,如图 2-30 所示,以 $A$ 点为起点,$B$ 点为终点的直线 $AB$ 的坐标方位角 $\alpha_{AB}$,称为直线 $AB$ 的正坐标方位角,$\alpha_{BA}$ 则为直线 $AB$ 的反坐标方位角。而直线 $BA$ 的坐标方位角 $\alpha_{BA}$,称为直线 $BA$ 的正坐标方位角,$\alpha_{AB}$ 则为直线 $BA$ 的反坐标方位角。由图中可以看出,直线正、反坐标方位角之间的关系为

$$\alpha_{BA} = \alpha_{AB} \pm 180°$$

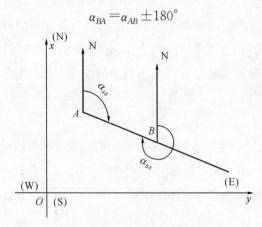

**图 2-30　正、反坐标方位角**

④ 象限角

由过某直线起始点的坐标纵轴方向的北端或南端起,顺时针或逆时针量至此直线所夹的锐角,称为该直线的象限角,以 $R$ 表示。象限角的取值范围为 $0° \sim 90°$。

测量平面直角坐标系分为四个象限,按照顺时针方向编号,以Ⅰ、Ⅱ、Ⅲ、Ⅳ表示,如图 2 - 31 所示。由于象限角可以自北端或南端量起,所以表示直线方向时,不仅要注明其角值的大小,而且要注明其所在的象限。如图 2 - 31 所示,直线 $OA$、$OB$、$OC$、$OD$ 分别位于四个象限中,其名称分别为北东(NE)、南东(SE)、南西(SW)、北西(NW)。由图可以推算出直线的坐标方位角与象限角的换算关系,换算方法见表 2 - 4。

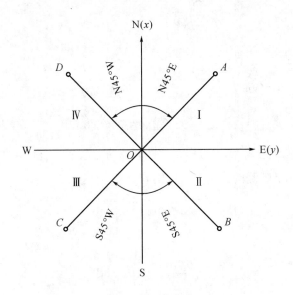

**图 2 - 31　象限角**

**表 2 - 4　坐标方位角与象限角的换算关系**

| 直线方向 | 由坐标方位角推算象限角 | 由象限角推算坐标方位角 |
|---|---|---|
| 北东,第Ⅰ象限 | $R=\alpha$ | $\alpha=R$ |
| 南东,第Ⅱ象限 | $R=180°-\alpha$ | $\alpha=180°-R$ |
| 南西,第Ⅲ象限 | $R=\alpha-180°$ | $\alpha=180°+R$ |
| 北西,第Ⅳ象限 | $R=360°-\alpha$ | $\alpha=360°-R$ |

⑤ 坐标方位角推算

在实际测量工作中,并不需要直接测定每条直线的坐标方位角,而是通过与已知坐标方位角的直线连测后,推算出各条直线的坐标方位角。

如图 2 - 32 所示,已知 $A \to B$ 的坐标方位角 $\alpha_{AB}$,用经纬仪观测了水平角 $\beta$,求 $B \to 1$ 的坐标方位角 $\alpha_{B1}$。根据坐标方位角定义及图中的几何关系,可以得出

$$\alpha_{B1}=\alpha_{AB}-180°+\beta=\alpha_{AB}+\beta-180°$$

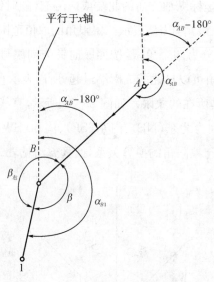

图 2 - 32　坐标方位角推算

坐标方位角的推算路线为 $A{\rightarrow}B{\rightarrow}1$。由于观测的水平角 $\beta$ 位于推算路线的左侧,所以 $\beta$ 角称为左角。如果观测的是右角 $\beta_{右}$,则有

$$\beta=360°-\beta_{右}$$

将其代入上式,得

$$\alpha_{B1}=\alpha_{AB}-\beta_{右}+180°$$

由此可以总结出坐标方位角推算的一般公式:

$$\alpha_{前}=\alpha_{后}+\beta_{左}\pm180°$$

$$\alpha_{前}=\alpha_{后}-\beta_{右}\pm180°$$

注意:坐标方位角推算公式中,用左角推算时是加 $\beta_{左}$,用右角推算时是减 $\beta_{右}$,简称"左加右减"。公式等号右边最后一项 180°前正负号的选取规律为:当等号右边前两项的计算结果小于 180°时,取正,大于 180°时,取负,即为等号右边前两项的计算结果小于 180°时应加 180°,大于 180°时应减 180°。若计算出的坐标方位角在 0°～ 360°之间,则就是正确的坐标方位角;若按此方法计算出的坐标方位角大于 360°,则再减 360°;若计算出的坐标方位角小于 0°,则再加 360°,这样就可以保证求得的直线坐标方位角一定满足方位角的取值范围(0°～ 360°)。

⑥ 坐标正算与坐标反算

**坐标正算**：根据已知点的坐标，已知边长及该边的坐标方位角，计算未知点坐标的方法，称为坐标正算。

如图 2-33 所示，$A$ 为已知点，其坐标为 $(X_A, Y_A)$，已知 $AB$ 边长为 $D_{AB}$，坐标方位角为 $\alpha_{AB}$，要求 $B$ 点坐标 $(X_B, Y_B)$。由图可知

$$坐标增量\begin{cases} \Delta X_{AB} = D_{AB} \cdot \cos\alpha_{AB} \\ \Delta Y_{AB} = D_{AB} \cdot \sin\alpha_{AB} \end{cases}$$

$$B\text{ 点坐标}\begin{cases} X_B = X_A + \Delta X_{AB} \\ Y_B = Y_A + \Delta Y_{AB} \end{cases}$$

式中：sin 和 cos 的函数值随 $\alpha$ 所在象限的不同有正、负之分。因此，坐标增量值同样具有正、负号。其符号与角值的关系见表 2-5。

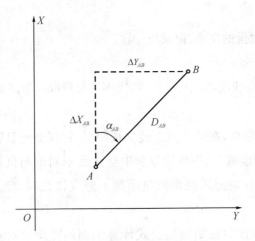

**图 2-33 坐标正算与坐标反算**

表 2-5 坐标增量的正负号

| 象限 | 方向角 $\alpha$ | $\cos\alpha$ | $\sin\alpha$ | $\Delta X$ | $\Delta Y$ |
|------|----------------|--------------|--------------|------------|------------|
| I | 0°~90° | + | + | + | + |
| II | 90°~180° | − | + | − | + |
| III | 180°~270° | − | − | − | − |
| IV | 270°~360° | + | − | + | − |

**坐标反算**：根据两个已知点的坐标求算出两点间的边长及其坐标方位角，称为坐标反算。

由图 2-33 可知：

$$D_{AB} = \frac{\Delta Y_{AB}}{\sin\alpha_{AB}} = \frac{\Delta X_{AB}}{\cos\alpha_{AB}} = \sqrt{(X_B - X_A)^2 + (Y_B - Y_A)^2}$$

注意:在用计算器按照上式计算坐标方位角时,得到的角值只是象限角,还必须根据坐标增量的正、负,判断并确定出坐标方位角所在象限,再将象限角换算为坐标方位角。

### 2.3.2　实验:视距测量

(1) 实验目的

① 理解视距测量的基本原理。

② 练习并掌握用视距测量测定地面两点间的水平距离和高差的方法。

(2) 实验仪器和工具

DJ₆经纬仪一台,视距尺一把,钢卷尺一个,记录板一块。

(3) 实验内容

练习经纬仪视距测量的观测、记录与计算。

(4) 实验方法和步骤

① 在测站上安置经纬仪,对中、整平后,用钢卷尺量取仪器高 $i$(精确到厘米),设测站点高程为 $H_0$。

② 选择若干个地形点,在每个点上竖立视距尺;将仪器竖盘置于盘左位置,瞄准所选目标的视距尺,分别读取上、下丝读数和中丝读数 $v$(可取与仪器高等高,即 $i=v$),然后读取竖盘读数 $L$ 并分别记入视距测量手簿。竖盘读数时,竖盘指标水准管气泡应居中。

③ 根据所测数据,按照视距测量公式计算出测站点至立尺点的水平距离 $D$ 和高差 $h$

$$水平距离:D = kl \cdot \cos\alpha$$
$$高差:h = h' + i - v = D \cdot \tan\alpha + i - v$$

式中:$l$ 为视距间隔;$\alpha$ 为竖直角。

④ 每人独立地按上述步骤完成 2~3 个点的观测、记录与计算。

（5）实验记录表格

**视距测量手簿**

观测日期_____  班级_____  第_____组  观测者_____

仪器型号_____  地点_____  天气_____  记录者_____

| 测站 | 目标 | 竖盘位置 | 尺上读数 | | | 视距间隔 $t=a-b$ | 竖盘读数 (° ′ ″) | 竖直角 $\alpha$ (° ′ ″) | 水平距离 $D$/m | 初算高差 $h'$/m | 改正数 $(i-v)$/m | 高差 $h$/m | 高程/m |
|---|---|---|---|---|---|---|---|---|---|---|---|---|---|
| | | | 中丝 $v$ | 下丝 $a$ | 上丝 $b$ | | | | | | | | |
| | | | | | | | | | | | | | |
| | | | | | | | | | | | | | |
| | | | | | | | | | | | | | |
| | | | | | | | | | | | | | |
| | | | | | | | | | | | | | |

仪器高 $i=$_____  测站点高程_____

（6）注意事项

① 每次读数前应使竖盘指标水准管气泡居中，且要在成像清晰稳定时再观测。

② 视距尺应严格竖直，切忌倾斜，以保证视距测量精度。

③ 一般用上丝对准视距尺上整米读数，读取下丝在尺上的读数，心算出视距值。

④ 视距测量计算时，注意竖直角的正、负号，计算高差时要注意高差的符号。

⑤ 为防止大气折光影响，中丝读数最好高于地面一米以上。

## 2.4　全站仪的认识与坐标测量

### 2.4.1　知识要点

全站仪是一种集光电、计算机、微电子通信、精密机械加工等先进技术于一体的测量仪器,利用它可方便、高效和可靠地完成多种工程测量工作。全站仪的基本功能是测定测量工作的三个基本要素(角度、距离和高差),并能自动计算目标点的坐标,集测距、测角、测高差和常用测量软件功能于一体,组成多种测量功能,如进行多种模式的放样、偏心测量、悬高测量、对边测量、面积计算等。目前,全站仪已广泛应用于控制测量、工程放样、变形观测、地形测绘和地籍测量等领域,是测量工作中使用频率最高的仪器之一,具有常规测量仪器无法比拟的优点,是新一代综合性勘察测绘仪器。近年来,电子全站仪更是成为大型精密工程测量、造船及航空工业等领域进行精密定位与安装的有效工具。

坐标测量是数字化测量的重要组成部分,其特点是测量仪器采集的数据直接以空间三维坐标的形式显示,并存入测量仪器的内存,供数字化成图等工作使用。目前,以全站仪和 GPS 信号接收机为代表的电子测量设备都具有此功能。如图 2-34 所示,全站仪是由电子测角、光电测距、微型机及其软件组成的智能型光电测量仪器,由微处理机控制,自动测距、测角,自动归算水平距离、高差和坐标增量等,同时还可以自动显示、记录、存储和数据输出,减少人为的读数误差和记录误差,提高测量的精度和效率。

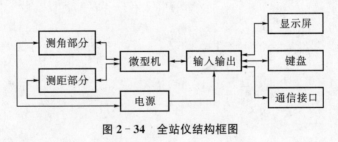

图 2-34　全站仪结构框图

从结构上看,全站仪具有如下特点:

（1）三同轴望远镜

三同轴，即望远镜的视准轴、光电测距的光轴和测角光轴，三个轴同轴，如图 2-35 所示。测量时使用望远镜照准目标的棱镜中心，能同时测定水平角、竖直角和斜距。

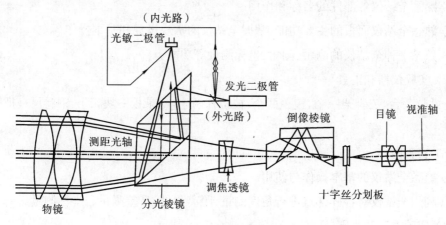

**图 2-35　全站仪轴系及光路**

（2）键盘操作

键盘是使用全站仪测量时输入操作指令或数据的硬件，全站仪的键盘和显示屏一般为双面式，便于正倒镜作业时操作。键盘上的键分为软键和硬键两种，每个硬键都有一个固定功能，或兼有第二、第三功能；软键是对机载软件的菜单进行操作，软键功能通过显示窗最下面一行对应位置的字符提示。在不同的菜单模式下，软键具有不同的功能。

（3）数据存储与通信

主流全站仪一般带有可以存储至少 3 000 个点位观测数据的内存，有些配有 CF 卡与计算机的 COM 或 USB 接口相连接，通过专用软件或 Windows 超级终端等接口软件实现与计算机的双向数据传输。

（4）电子传感器

电子传感器有摆式和液式两种，其作用是自动补偿水平度盘或竖直度盘误差。其中采用单轴补偿的电子传感器相当于竖盘指标自动归零补偿器，而双轴补偿的电子传感器不仅可以修正竖直角，还可以修正水平角。目前制造的全站仪主要采用的是液体电子传感器。

### 2.4.2　实验:全站仪的认识与操作使用

(1) 实验目的

① 熟悉全站仪各部件的名称和作用。

② 熟悉全站仪面板的主要功能,掌握全站仪的常规设置和基本操作。

③ 熟悉一种全站仪的测距、测角、坐标测量等功能。

(2) 实验仪器和工具

全站仪一台,三脚架一个,棱镜两个,棱镜杆两个,记录板一块,5 m钢卷尺一把,测伞一把。

(3) 实验内容

① 熟悉全站仪的基本操作与使用。

② 利用全站仪对各碎部点进行角度测量、距离测量、高差测量和坐标测量。

(4) 实验方法和步骤

① 安置全站仪于测站点上,对中、整平。

② 熟悉所使用全站仪的构造、各部件名称和作用,包括电子测角系统、光电测距系统、微处理机、显示控制/键盘、数据/信息存储器、输入/输出接口、电子自动补偿系统、电源供电系统、机器控制系统等仪器各组成部分。

③ 按【电源】键开机,初始化水平度盘和竖直度盘。纵转望远镜一周,听到"咔嗒"一声,表示竖盘指标设置完成;水平转动照准部一周,听到"咔嗒"一声,表示水平度盘指标设置完成。

④ 认识全站仪的操作面板,熟悉全站仪的基本操作功能,包括测量水平角、竖直角和斜距,借助仪器内固化软件计算并显示平距、高差以及立棱镜处站点的三维坐标,进一步对仪器的偏心测量、对边测量、悬高测量和面积测量等功能的学习(具体仪器操作流程见本书附录)。

⑤ 在各碎部点按顺序架设棱镜,利用全站仪对各碎部点进行角度测量、距离测量、高差测量和坐标测量。

⑥ 小组内每人轮流操作观测、记录、计算、立棱镜等工序。

（5）实验记录表格

**全站仪观测记录表**

观测日期_____ 班级_____ 第_____组 观测者_____

仪器型号_____ 地点_____ 天气_____ 记录者_____

| 测量点号 | 水平角/<br>(° ′ ″) | (平距/斜距)/<br>m | 高差/<br>m | 三维坐标 | | |
|---|---|---|---|---|---|---|
| | | | | N | E | Z |
| 1 | | | | | | |
| 2 | | | | | | |
| 3 | | | | | | |
| 4 | | | | | | |
| 5 | | | | | | |
| 6 | | | | | | |
| 7 | | | | | | |
| 8 | | | | | | |
| 9 | | | | | | |
| 10 | | | | | | |
| 11 | | | | | | |
| 12 | | | | | | |
| 13 | | | | | | |
| 14 | | | | | | |
| 15 | | | | | | |
| | | | | | | |

（6）注意事项

① 全站仪属于精密仪器，在使用过程中应注意爱护仪器，严格遵守操作规程。

② 日光下操作时应给仪器撑伞遮阳，禁止将望远镜直接照准太阳，否则会严重伤害眼睛，也会损坏仪器，且不要把棱镜置于距离全站仪很近的地方进行观测（一般距离应大于 5 m）。

③ 全站仪使用过程中，如果发现电量不足，应先关闭仪器电源，再更换电池。

④ 观测作业之前，应仔细检查仪器的各项参数设置，确定仪器各项指标、功能、电源、初始设置和改正参数等均符合要求时再进行作业。若发现仪器功能异常，非专业维修人员不可擅自拆开仪器，以免发生不必要的损坏。

# 附录 6　南方 NTS‑360 全站仪基本构造和功能介绍

## 附 6.1　各部件名称(见图 2‑36)

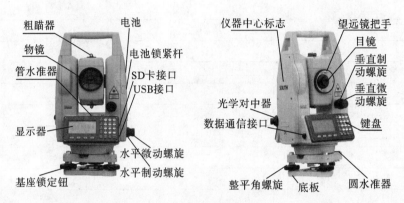

图 2‑36

## 附 6.2　显示屏与键盘功能(见图 2‑37)

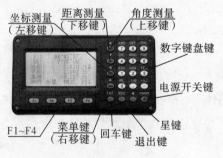

图 2‑37

键盘符号:

| 按键 | 名称 | 功能 |
| --- | --- | --- |
| ANG | 角度测量键 | 进入角度测量模式▲(光标上移或向上选取选择项) |
| DIST | 距离测量键 | 进入距离测量模式▼(光标下移或向下选取选择项) |
| CORD | 坐标测量键 | 进入坐标测量模式◀(光标左移) |

续表

| 按键 | 名称 | 功能 |
|---|---|---|
| MENU | 菜单键 | 进入菜单模式▶(光标右移) |
| ENT | 回车键 | 确认数据输入或存入该行数据并换行 |
| ESC | 退出键 | 取消前一操作,返回到前一个显示屏或前一个模式 |
| POWER | 电源键 | 控制电源的开/关 |
| F1~F4 | 软键 | 功能参见所显示的信息 |
| 0~9 | 数字键 | 输入数字和字母或选取菜单项 |
| ·~— | 符号键 | 输入符号、小数点、正负号 |
| ★ | 星键 | 用于仪器若干常用功能的操作 |

显示符号:

| 显示符号 | 内容 |
|---|---|
| V% | 垂直角(坡度显示) |
| HR | 水平角(右角) |
| HL | 水平角(左角) |
| HD | 水平距离 |
| VD | 高差 |
| SD | 斜距 |
| N | 北向坐标 |
| E | 东向坐标 |
| Z | 高程 |
| * | EDM(电子测距)正在进行 |
| m | 以米为单位 |
| ft | 以英尺为单位 |
| fi | 以英尺与英寸为单位 |

## 附 6.3 功能键

角度测量模式(三个界面菜单)

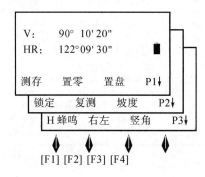

| 页数 | 软键 | 显示符号 | 功能 |
|---|---|---|---|
| 第1页(P1) | F1 | 测存 | 启动角度测量,将测量数据记录到相对应的文件中(测量文件和坐标文件在数据采集功能中选定) |
| | F2 | 置零 | 水平角置零 |
| | F3 | 置盘 | 通过键盘输入设置一个水平角 |
| | F4 | P1↓ | 显示第2页软键功能 |
| 第2页(P2) | F1 | 锁定 | 水平角读数锁定 |
| | F2 | 复测 | 水平角重复测量 |
| | F3 | 坡度 | 垂直角/百分比坡度的切换 |
| | F4 | P2↓ | 显示第3页软键功能 |
| 第3页(P3) | F1 | H蜂鸣 | 仪器转动至水平角 0°90°180°270°/是否蜂鸣的设置 |
| | F2 | 右左 | 水平角右角/左角的转换 |
| | F3 | 竖角 | 垂直角显示格式(高度角/天顶距)的切换 |
| | F4 | P3↓ | 显示第1页软键功能 |

## 距离测量模式(两个界面菜单)

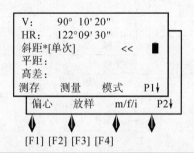

| 页数 | 软键 | 显示符号 | 功能 |
|---|---|---|---|
| 第1页(P1) | F1 | 测存 | 启动距离测量,将测量数据记录到相对应的文件中(测量文件和坐标文件在数据采集功能中选定) |
| | F2 | 测量 | 启动距离测量 |
| | F3 | 模式 | 设置测距模式单次精测/N次精测/重复精测/跟踪的转换 |
| | F4 | P1↓ | 显示第2页软键功能 |
| 第2页(P2) | F1 | 偏心 | 偏心测量模式 |
| | F2 | 放样 | 距离放样模式 |
| | F3 | m/f/i | 设置距离单位米/英尺/英尺·寸 |
| | F4 | P2↓ | 显示第1页软键功能 |

坐标测量模式(三个界面菜单)

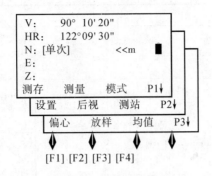

[F1] [F2] [F3] [F4]

| 页数 | 软键 | 显示符号 | 功能 |
|------|------|----------|------|
| 第1页(P1) | F1 | 测存 | 启动坐标测量,将测量数据记录到相对应的文件中(测量文件和坐标文件在数据采集功能中选定)。 |
| | F2 | 测量 | 启动坐标测量 |
| | F3 | 模式 | 设置测量模式单次精测/N次精测/重复精测/跟踪的转换 |
| | F4 | P1↓ | 显示第2页软键功能 |
| 第2页(P2) | F1 | 设置 | 设置目标高和仪器高 |
| | F2 | 后视 | 设置后视点的坐标 |
| | F3 | 测站 | 设置测站点的坐标 |
| | F4 | P2↓ | 显示第3页软键功能 |
| 第3页(P3) | F1 | 偏心 | 偏心测量模式 |
| | F2 | 放样 | 坐标放样模式 |
| | F3 | 均值 | 设置N次精测的次数 |
| | F4 | P3↓ | 显示第1页软键功能 |

## 附6.4　角度测量

### 1)水平角和垂直角测量

水平角右角和垂直角的测量。

确认处于角度测量模式

| 操作过程 | 操作键 | 显示 |
|---|---|---|
| ① 照准第一个目标 A。 | 照准 A | V:82°09′30″<br>HR:90°09′30″<br>测存　置零　置盘　P1↓ ▮ |
| ② 按[F2](置零)键和[F4](是)键,将设置目标 A 的水平角为 0°00′00″。 | [F2] | 水平角置零吗?　　　　　　▮<br>　　[否]　　　　　　[是] |
| | [F4] | V:82°09′30″<br>HR:0°00′00″<br>测存　置零　置盘　P1↓ ▮ |
| ③ 照准第二个目标 B,显示目标 B 的 V/H。 | 照准目标 B | V:92°09′30″<br>HR: 67°09′30″<br>测存　置零　置盘　P1↓ ▮ |

瞄准目标的方法(供参考) ① 将望远镜对准明亮天空,旋转目镜筒,调焦看清十字丝(先朝自己方向旋转目镜筒再慢慢旋进调焦清楚十字丝);

② 利用粗瞄准器内的三角形标志的顶尖瞄准目标点,照准时眼睛与瞄准器之间应保留有一定距离;

③ 利用望远镜调焦螺旋使目标成像清晰。

※当眼睛在目镜端上下或左右移动发现有视差时,说明调焦或目镜屈光度未调好,这将影响观测的精度,应仔细调焦并调节目镜筒消除视差。

2) 水平角(右角/左角)切换

确认处于角度测量模式

| 操作过程 | 操作键 | 显示 |
|---|---|---|
| ① 按[F4](↓)键两次转到第 3 页功能 | [F4]<br>两次 | V:122°09′30″<br>　HR:90°09′30″　　　　　　▮<br>测存　置零　置盘　P1↓<br>锁定　复测　坡度　P2↓<br>H　蜂鸣　右左　竖角　P3↓ |
| ② 按[F2](右左)键。右角模式(HR)切换到左角模式(HL) | [F2] | V:122°09′30″<br>HL:269°50′30″　　　　　　▮<br>H　蜂鸣　右左　竖角　P3↓ |
| ③ 再按[F2]键则以右角模式进行显示。※1) | | |

※1)每次按[F2](右左)键,HR/HL 两种模式交替切换

### 3）水平角的设置

#### （1）通过［锁定］键进行设置

确认处于角度测量模式。

| 操作过程 | 操作键 | 显示 |
|---|---|---|
| ① 利用水平微动螺旋转到所要设置的水平角 | 显示角度 | V：122°09′30″<br>HR：90°09′30″<br>测存　置零　置盘　P1↓ |
| ② 按［F4］键，转到第2页功能 | ［F4］ | V：122°09′30″<br>HR：90°09′30″<br>锁定　复测　坡度　P2↓ |
| ③ 按［F1］锁定)键 | ［F1］ | 水平角锁定<br>HR：90°09′30″<br>＞设置？<br>　　　　［否］　　［是］ |
| ④ 照准目标点。 | 照准 | |
| ⑤ 按［F4］(是)键完成水平角设置，屏幕返回到测角模式，显示如右图所示。※1) | ［F4］ | V：122°09′30″<br>HR：90°09′30″<br>锁定　复测　坡度　P2↓ |

※1)若要返回上一个模式，可按［F3］(否)键

#### （2）通过键盘输入进行设置

确认处于角度测量模式

| 操作过程 | 操作键 | 显示 |
|---|---|---|
| ① 照准目标点，按［F3］(置盘)键 | 照准<br>［F3］ | V：122°09′30″<br>HR：90°09′30″<br>测存　置零　置盘　P1↓ |
| ② 通过键盘输入所需的水平角读数，并按［F4］确认键。※1)，例如：150°10′20″ | ［F4］ | 设置水平角<br>HR：150°10′20″<br>回退　　　　确认 |
| ③ 水平角度被设置，随后即可从所要求的水平角进行正常的测量 | | V：122°09′30″<br>HR：150°10′20″<br>置零　锁定　置盘　P1↓ |

※1)输入方法请参阅"3.7 字母数字的输入"
在输入度、分、秒之间按［.］键来设定角度符号

### 附 6.5　距离测量

1）在进行距离测量前通常需要确认大气改正的设置和棱镜常数的设置，再进行距离测量。

| 操作过程 | 操作 | 显示 |
|---|---|---|
| ① 按[DIST]键,进入测距界面,距离测量开始。※1) | [DIST] | V:90°10′20″<br> HR:170°09′30″<br>斜距 * [单次]　　　<<<br>平距:<br>高差:<br>测存　测量　模式　P1↓ |
| ② 显示测量的距离。※2),※3) | | V:90°10′20″<br>HR:170°09′30″<br>斜距 *　　　241.551 m<br>平距:　　　235.343 m<br>高差:　　　36.551 m<br>测存　测量　模式　P1↓ |
| ③ 按[F1](测存)键启动测量,并记录测得的数据,测量完毕,按[F4](是)键,屏幕返回到距离测量模式。一个点的测量工作结束后,程序会将点名自动＋1,重复刚才的步骤即可重新开始测量。※4) | [F1][F4] | V:90°10′20″<br>HR:170°09′30″<br>斜距 *　　　241.551 m<br>平距:　　　235.343 m<br>高差:　　　36.551 m<br>>记录吗?　　　[否][是]<br><br>点名:1<br>编码:SOUTH<br>V:90°10′20″<br>HR:170°09′30″<br>斜距:241.551 m<br>　　＜完　成＞ |

※1)当光电测距(EDM)正在工作时,"*"标志就会出现在显示屏上
※2)距离的单位表示为:"m"(米)、"ft"(英尺)、"fi"(英尺·/u33521X寸),并随着蜂鸣声在每次距离数据更新时出现
※3)如果测量结果受到大气抖动的影响,仪器可以自动重复测量工作

### 2）设置测量模式

NTS360R 系列全站仪提供单次精测/N 次精测/重复精测/跟踪测量四种测量模式,可根据需要进行选择。若采用 N 次精测模式,当输入测量次数后,仪器就按照设置的次数进行测量,并显示出距离平均值。

| 操作过程 | 操作键 | 显示 |
|---|---|---|
| ① 按[DIST]键,进入测距界面,距离测量开始 | [DIST] | V:90°10′20″<br>HR:170°09′30″<br>斜距 * [单次]　　<<<br>平距:<br>高差:<br>测存　测量　模式　P1↓ |
| ② 当需要改变测量模式时,可按[F3](模式)键,测量模式便在单次精测/N 次精测/重复精测/跟踪测量模式之间切换 | [F3] | V:90°10′20″<br>HR:170°09′30″<br>斜距 * [3次]　　<<<br>平距:<br>高差:<br>测存　测量　模式　P1 |
| | | V:90°10′20″<br>HR:170°09′30″<br>斜距 *　　　241.551 m<br>平距:　　　235.343 m<br>高差:　　　36.551 m<br>测存　测量　模式　P1 |

### 3) 用软键选择距离单位(米/英尺/英尺、英寸)

通过软键可以改变距离单位。

| 操作过程 | 操作键 | 显示 |
|---|---|---|
| ① 按[F4]( P1↓)键转到第二页功能 | [F4] | V:99°55′36″<br>HR:141°29′34″<br>斜距 *　　　2.344 m<br>平距:　　　2.309 m<br>高差:　　　−0.404 m<br>测存　测量　模式　P1↓<br>偏心　放样　m/f/i　P2↓ |
| ② 按[F3](m/f/i)键,显示单位就可以改变。每次按[F3](m/f/i)键,单位模式依次切换 | [F3] | V:99°55′36″<br>HR:141°29′34″<br>斜距 *　　　7.691ft<br>平距:　　　7.576ft<br>高差:　　　−1.326ft<br>偏心　放样　m/f/i　P2↓ |

### 4) 放样

该功能可显示出测量的距离与输入的放样距离之差。

$$测量距离 - 放样距离 = 显示值$$

放样时可选择平距(HD),高差(VD)和斜距(SD)中的任意一种放样模式。

| 操作过程 | [F1] | 显示 |
|---|---|---|
| ① 在距离测量模式下按[F4]( P1↓)键,进入第 2 页功能 | 输入 3.500 [F4] | V:90°10′20″<br>HR: 170°09′30″<br>斜距 ∗ [单次]　　　<<<br>平距:<br>高差:<br>测存　测量　模式　P1↓<br>偏心　放样　m/f/i　P2↓ |
| ② 按[F2](放样)键,显示出上次设置的数据 | 照准 P | 放样<br>平距:　　　　0.000<br>平距　高差　斜距 |
| ③ 通过按[F1]－[F3]键选择放样测量模式<br>F1:平距,F2:高差,F3:斜距<br>例:水平距离,按[F1]（平距)键 | | 放样<br>平距:　　　　0.000<br>回退　　　确认 |
| ④ 输入放样距离(例:3.500 m),输入完毕,按[F4](确认)键 | | 放样<br>平距:　　　　3.500<br>回退　　　确认 |
| ⑤ 照准目标(棱镜)测量开始,显示出测量距离与放样距离之差 | | V:99°46′02″<br>HR: 160°52′06″<br>斜距:　　　2.164 m<br>dhd:　　　−1.367 m<br>高差:　　　−0.367 m<br>偏心　放样　m/f/i　P2↓ |
| ⑥ 移动目标棱镜,直至距离差等于 0 m 为止 | | V:99°46′02″<br>HR: 160°52′06″<br>斜距:　　　2.164 m<br>dhd:　　　0.000 m<br>高差:　　　−0.367 m<br>偏心　放样　m/f/i　P2↓ |

## 附 6.6　坐标测量

### 1) 坐标测量的步骤

通过输入仪器高和目标高后测量坐标时,可直接测定未知点的坐标。

○要设置测站点坐标值,参见"6.2 测站点坐标的设置"。

○要设置仪器高和目标高,参见"6.3 仪器高设置"和"6.4 目标高的设置"。

○要设置后视,并通过测量来确定后视方位角,方可测量坐标。

未知点的坐标由下面公式计算并显示出来:

测站点坐标:$(N0,E0,Z0)$　　　相对于仪器中心点的目标中心坐标:$(n,e,z)$

仪器高:仪高　　　　　　　　　　未知点坐标:$(N1,E1,Z1)$

目标高:标高　　　　　　　　　　高差:$Z(VD)$

$N1=N0+n$

$E1=E0+e$

$Z1 = Z0 + 仪高 + Z - 标高$

仪器中心坐标$((N0, E0, Z0 + 仪器高)$

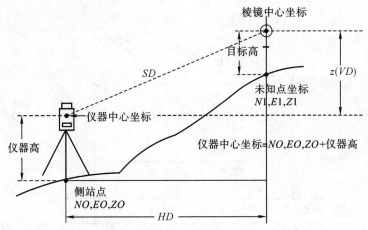

进行坐标测量,注意:要先设置测站坐标,仪器高,目标高及后视方位角。

| 操作过程 | 操作 | 显示 |
|---|---|---|
| ① 设置已知点 A 的方向角 | 设置方向角 | V:276°06′30″<br>HR:90°00′30″<br>测存　置零　置盘　P1↓ |
| ② 照准目标 B,按[CORD]坐标测量键 | 照准棱镜<br>[CORD] | V:276°06′30″<br>HR:90°09′30″<br>N *[单次]　　—＜　　m<br>E:　　　　　　m<br>Z:　　　　　　m<br>测存　测量　模式　P1↓ |
| ③ 开始测量,按[F2](测量)键可重新开始测量 | [F2] | V:276°06′30″<br>HR:90°09′30″<br>N:　　　36.001 m<br>E:　　　49.180 m<br>Z:　　　23.834 m<br>测存　测量　模式　P1↓ |
| ④ 按[F1](测存)键启动坐标测量,并记录测得的数据,测量完毕,按[F4](是)键,屏幕返回到坐标测量模式。一个点的测量工作结束后,程序会将点名自动+1,重复刚才的步骤即可重新开始测量 | [F1] | V:276°06′30″<br>HR:90°09′30″<br>N:　　　36.001 m<br>E:　　　49.180 m<br>Z:　　　23.834 m<br>＞记录吗?　　　　[否]　[是]<br>点名:1<br>编码:SOUTH<br>N:　36.001 m<br>E:　49.180 m<br>Z:　23.834 m<br>〈完　成〉 |

### 2）测站点坐标的设置

设置仪器（测站点）相对于坐标原点的坐标，仪器可自动转换和显示未知点（目标点）在该坐标系中的坐标。

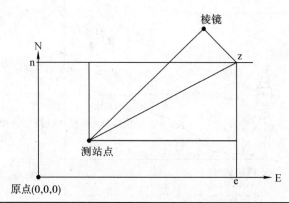

| 操作过程 | 操作键 | 显示 |
|---|---|---|
| ① 在坐标测量模式下，按[F4]（ P1↓）键，转到第二页功能 | [F4] | V:95°06′30″<br>HR:86°01′59″<br>N:　　　　0.168 m<br>E:　　　　2.430 m<br>Z:　　　　1.782 m<br>测存　测量　模式 P1↓<br>设置　后视　测站 P2↓ |
| ② 按[F3]（测站）键 | [F3] | 设置测站点<br>N0　　　　0.000 m<br>E0:　　　　0.000 m<br>Z0:　　　　0.000 m<br>回退　　　　　　　确认 |
| ③ 输入 N 坐标，并按[F4]确认键。※1) | 输入数据<br>[F4] | 设置测站点<br>N0　　　　36.976 m<br>E0:　　　　0.000 m<br>Z0:　　　　0.000 m<br>回退　　　　　　　确认 |
| ④ 按同样方法输入 E 和 Z 坐标，输入完毕，屏幕返回到坐标测量模式 |  | V:95°06′30″<br>HR:86°01′59″<br>N:　　　　36.976 m<br>E:　　　　30.008 m<br>Z:　　　　47.112 m<br>设置　后视　测站 P2↓ |

### 3）仪器高的设置

电源关闭后，可保存仪器高。

| 操作过程 | 操作键 | 显示 |
|---|---|---|
| ① 在坐标测量模式下,按[F4](P1↓)键,转到第 2 页功能 | [F4] | V:95°06′30″<br>HR:86°01′59″<br>N:     0.168 m ■<br>E:     2.430 m<br>Z:     1.782 m<br>测存 测量 模式 P1↓<br>设置 后视 测站 P2↓ |
| ② 按[F1](设置)键,显示当前的仪器高和目标高 | [F1] | 输入仪器高和目标高<br>仪器高:     0.000 m ■<br>目标高:     0.000 m<br>回退 确认 |
| ③ 输入仪器高,并按[F4](确认)键。※1) | 输入仪器高<br>[F4] | 输入仪器高和目标高<br>仪器高:     2.000 m 目标 ■<br>高:     0.000 m<br>回退 确认 |

## 4) 目标高的设置

此项功能用于获取 Z 坐标值,电源关闭后,可保存目标高。

| 操作过程 | 操作键 | 显示 |
|---|---|---|
| ① 在坐标测量模式下,按[F4]键,进入第 2 页功能 | [F4] | V:95°06′30″<br>HR:86°01′59″<br>N:     0.168 m ■<br>E:     2.430 m<br>Z:     1.782 m<br>测存 测量 模式 P1↓<br>设置 后视 测站 P2↓ |
| ② 按[F1](设置)键,显示当前的仪器高和目标高,将光标移到目标高 | [F1] | 输入仪器高和目标高<br>仪器高:     2.000 m ■<br>目标高:     0.000 m<br>回退 确认 |
| ③ 输入目标高,并按[F4](确认)键。※1) | 输入目标高<br>[F4] | 输入仪器高和目标高<br>仪器高:     2.000 m ■<br>目标高:     1.500 m<br>回退 确认 |

## 附 6.7　数据采集

数据采集菜单的操作:按下[MENU]键,仪器进入主菜单1/2模式

按下数字键[1](数据采集)

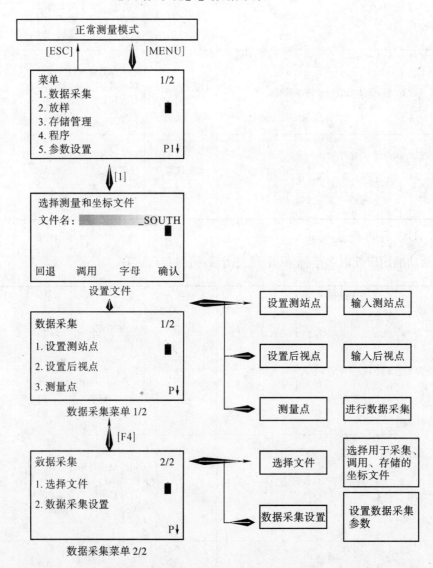

NTS360R 系列可将测量数据存储在内存中内存划分为测量数据文件和坐标数据文件。

### 1) 操作步骤

(1) 选择数据采集文件,使其所采集数据存储在该文件中。

(2) 选择存储坐标文件,将原始数据转换成的坐标数据存储在该文件中。

(3) 选择调用坐标数据文件,可进行测站坐标数据及后视坐标数据的调用。(当无需

调用已知点坐标数据时,可省略此步骤)

（4）置测站点,包括仪器高和测站点号及坐标。

（5）置后视点,通过测量后视点进行定向,确定方位角。

（6）置待测点的目标高,开始采集,存储数据。

2）准备工作

（1）数据采集文件的选择

首先必须选定一个数据采集文件,在启动数据采集模式之间即可出现文件选择显示屏,由此可选定一个文件。

文件选择也可在该模式下的数据采集菜单中进行。

| 操作过程 | 操作键 | 显示 |
|---|---|---|
| ① 按下[MENU]键,仪器进入主菜单1/2,按数字键[1]（数据采集） | [MENU]<br>[1] | 菜单　　　　　1/2<br>1. 数据采集<br>2. 放样<br>3. 存储管理<br>4. 程序<br>5. 参数设置　　P1↓ |
| ② 按[F2]（调用）键 | [F2] | 选择测量和坐标文件<br>文件名:SOUTH<br>回退　调用　字母　确认 |
| ③ 屏幕显示磁盘列表,选择需作业的文件所在的磁盘,按[F4]（确认）或[ENT]键进入。※1） | [F4] | Disk:A<br>Disk:B<br>属性　格式化　确认 |
| ④ 显示文件列表。※2） | | SOUTH　　　　[测量]<br>SOUTH2. SMD　[测量]<br>属性　查找　退出　P1↓ |
| ⑤ 按[▲]或[▼]键使文件表向上下滚动,选定一个文件。※3） | [▲]或[▼] | SOUTH　　　　[测量]<br>SOUTH2. SMD　[测量]<br>属性　查找　退出　P1↓ |
| ⑥ 按[ENT]（回车）键,调用文件成功,屏幕返回数据采集菜单1/2 | [ENT] | 数据采集　　　1/2<br>1. 设置测站点<br>2. 设置后视点<br>3. 测量点<br>　　　P↓ |

※如果您要创建一个新文件,在选择测量和坐标文件界面直接输入文件名即可
※按[F2]（查找）键可直接输入文件名查找文件

### （2）存储坐标文件的选择

采集的原始数据转换成的坐标数据可存储在用户指定的文件中。

| 操作过程 | 操作键 | 显示 |
|---|---|---|
| ① 由数据采集菜单 2/2，按数字键[1]（选择文件） | [1] | 数据采集        2/2<br>1. 选择文件<br>2. 数据采集设置<br>       P↓ |
| ② 按数字键[3]（存储坐标文件） | [3] | 选择文件<br>1. 测量数据文件<br>2. 调用坐标文件<br>3. 存储坐标文件 |
| ③ 按"7.2.1 数据采集文件的选择"介绍的方法选择一个坐标文件 | | 选择存储坐标文件<br>文件名：SOUTH<br>回退  调用  字母  确认 |
| ④ 按[F2]（调用）键，屏幕显示磁盘列表，选择需作业的文件所在的磁盘，按[F4]（确认）或[ENT]键进入 | [F2]<br>[F4] | Disk：A<br>Disk：B<br>属性  格式化  确认 |
| ⑤ 显示文件列表 | | SOUTH. SCD      [坐标]<br>SOUTH3. SCD    [坐标]<br>属性  查找  退出  P1↓ |
| ⑥ 按[▲]或[▼]键使文件表向上下滚动，选定一个文件。若有五个以上的文件，按[▶]、[◀]键上下翻页 | [▲]或[▼] | SOUTH. SCD      [坐标]<br>SOUTH3. SCD    [坐标]<br>属性  查找  退出  P1↓ |
| ⑦ 按[ENT]（回车）键，文件即被确认，屏幕返回选择文件菜单 | [ENT] | 选择文件<br>1. 测量数据文件<br>2. 调用坐标文件<br>3. 存储坐标文件 |

※当存储文件被选择后，测量文件不变

# 附录 7 ATS - 320 海星达全站仪基本构造和功能介绍

## 附 7.1 各部件名称(见图 2 - 37)

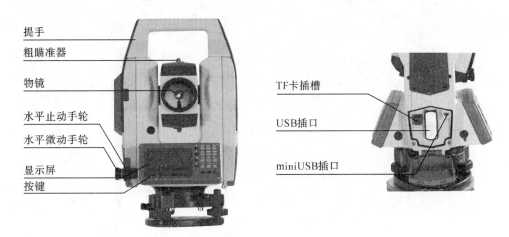

图 2 - 38

## 附 7.2 键盘功能与信息显示(见图 2 - 39)

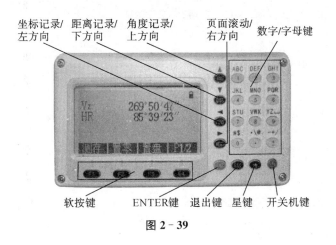

图 2 - 39

键盘符号如表 2 - 6 所示。

表 2 - 6　键盘符号

| 按键 | 名称 | 功能 |
|---|---|---|
| ANG | 角度测量键 | 基本测量功能中进入角度测量模式。在其他模式下,光标上移或向上选取选择项 |
| DIST | 距离测量键 | 基本测量功能中进入距离测量模式。在其他模式下,光标下移或向下选取选择项 |
| CORD | 坐标测量键 | 基本测量功能中进入坐标测量模式。其他模式中光标左移、向前翻页或辅助字符输入 |
| MENU | 菜单键 | 基本测量功能中进入菜单模式。其他模式中光标右移、向后翻页或辅助字符输入 |
| ENT | 回车键 | 接受并保存对话框的数据输入并结束对话。在基本测量模式下具有打开关闭直角蜂鸣的功能 |
| ESC | 退出键 | 结束对话框,但不保存其输入 |
| 开关键 | 电源开关 | 控制电源的开/关 |
| F1~F4 | 软按键 | 显示屏最下一行与这些键正对的反转显示字符指明了这些按键的含义 |
| 0~9 | 数字键 | 输入数字和字母或选取菜单项 |
| ? ~ — | 符号键 | 输入符号、小数点、正负号 |
| ★ | 星键 | 用于仪器若干常用功能的操作。凡有测距的界面,星键都进入显示对比度、夜照明、补偿器 开关、测距参数和文件选择对话框 |

显示符号如表 2-7 所示。

表 2 - 7　显示符号

| 显示符号 | 内容 |
|---|---|
| Vz | 天顶距模式 |
| V0 | 正镜时的望远镜水平时为 0 的垂直角显示模式 |
| Vh | 竖直角模式(水平时为 0,仰角为正,俯角为负) |
| V% | 坡度模式 |
| HR | 水平角(右角)dHR 表示放样角差 |
| HL | 水平角(左角) |
| HD | 水平距离,dHD 表示放样平距差 |
| VD | 高差,dVD 表示放样高差之差 |
| SD | 斜距,dSD 表示放样斜距之差 |
| N | 北向坐标,dN 表示放样 N 坐标差 |
| E | 东向坐标,dE 表示放样 E 坐标差 |
| Z | 高程坐标,dZ 表示放样 Z 坐标差 |
| ▤ ▤ ⊞ | EDM(电子测距)正在进行 |
| m | 以米为单位 |

| 显示符号 | 内容 |
|---|---|
| ft | 以英尺为单位 |
| fi | 以英尺与英寸为单位,小数点前为英尺,小数点后为百分之一英寸 |
| X | 点投影测量中沿基线方向上的数值,从起点到终点的方向为正 |
| Y | 点投影测量垂直偏离基线方向上的数值 |
| Z | 点投影测量中目标的高程 |
| Inter Feet | 国际英尺 |
| US Feet | 美国英尺 |
| MdHD | 最大距离残差—衡量后方交会的结果用 |

常用的软按键提示的说明如表 2-8 所示。

**表 2-8　软按键提示说明**

| 软按键提示 | 功能说明 |
|---|---|
| 回退 | 在编辑框中,删除插入符的前一个字符 |
| 清空 | 删除当前编辑框中输入的内容 |
| 确认 | 结束当前编辑框的输入,插入符转到下一个编辑框,以便进行下一个编辑框的输入。如果对话框中只有一个编辑框,或无编辑框,该软按键也用于接受对话框的输入,并退出对话框 |
| 输入 | 进入坐标输入对话框,进行键盘输入坐标 |
| 调取 | 从坐标文件中输入坐标数据 |
| 信息 | 显示当前点的点名、编码、坐标等信息 |
| 查找 | 列出当前坐标文件的点,供您逐点选择或列出当前编码文件的编码,供您逐个选择 |
| 查看 | 显示当前选择条所对应记录的详细内容 |
| 设置 | 进行仪器高、目标高的设置 |
| 测站 | 输入仪器所安置的站点的信息 |
| 后视 | 输入目标所在点的信息 |
| 测量 | 启动测距仪测距 |
| 测存 | 在坐标、距离测量模式下启动测距;保存本次测量的结果,点名自动加1。补偿器超范围时不能保存 |
| 补偿 | 显示竖轴倾斜值 |
| 照明 | 开关背光、分划板照明 |
| 参数 | 设置测距气象参数、棱镜常数、显示测距信号 |

## 附 7.3　基本测量模式下的功能键

1) 角度测量模式(共有两个菜单页面)

如图 2-40 所示。

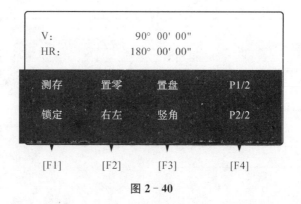

图 2 - 40

角度测量模式下的功能键说明如表 2-9 所示。

表 2-9　角度测量模式下的功能键说明

| 页面 | 软键 | 显示符号 | 功能 |
|---|---|---|---|
| 1 | F1 | 测存 | 将角度数据记录到选择的测量文件中 |
| | F2 | 置零 | 水平角置零 |
| | F3 | 置盘 | 通过键盘输入并设置您所期望的水平角,角度不大于360° |
| | F4 | P1/2 | 显示第2页软键功能 |
| 2 | F1 | 锁定 | 水平角读数锁定 |
| | F2 | 右左 | 水平角右角/左角显示模式的转换 |
| | F3 | 竖角 | 垂直角显示方式(高度角/天顶距/水平零/斜度)的切换 |
| | F4 | P2/2 | 显示第1页软键功能 |

· ENT 键打开和关闭水平直角蜂鸣功能,界面提示"开直角蜂鸣"或"关直角蜂鸣",在基本测量模式下都有效。

· ★键用于设置仪器显示对比度、夜照明、补偿器开关、测距参数和文件选择,在基本测量模式下都有效。

2) 距离测量模式（共有两个菜单页面）

如图 2-41 所示。

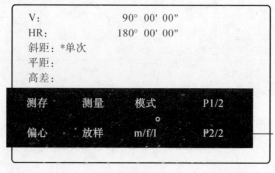

图 2 - 41

距离测量模式下的功能键说明如表 2-10 所示。

表 2-10　距离测量模式下的功能键说明

| 页面 | 软键 | 显示符号 | 功能 |
|---|---|---|---|
| 1 | F1 | 测存 | 启动距离测量,将测量数据记录到相对应的文件中(测量文件和坐标文件在数据采集菜单功能中选定或通过★键选择) |
| | F2 | 测量 | 启动距离测量 |
| | F3 | 模式 | 设置 4 种测距模式(单次精测/N 次精测/重复精测/跟踪)之一 |
| | F4 | P1/2 | 显示第 2 页软键功能 |
| 2 | F1 | 偏心 | 启动偏心测量功能 |
| | F2 | 放样 | 启动距离放样 |
| | F3 | m/f/i | 设置距离单位(米/英尺/英寸) |
| | F4 | P2/2 | 显示第 1 页软键功能 |

### 3)坐标测量模式(共有三个菜单页面)

如图 2-42 所示。

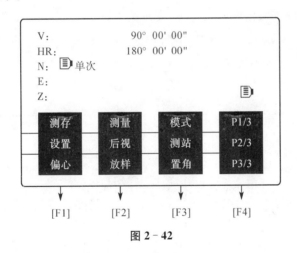

图 2-42

坐标测量模式下的功能键说明如表 2-11 所示。

表 2-11　坐标测量模式下的功能键说明

| 页面 | 软键 | 显示符号 | 功能 |
|---|---|---|---|
| 1 | F1 | 测存 | 启动坐标测量,将测量数据记录到相对应的文件中(测量文件和坐标文件在数据采集功能中选定或★键选择) |
| | F2 | 测量 | 启动坐标测量 |
| | F3 | 模式 | 设置 4 种测距模式(单次精测/N 次精测/重复精测/跟踪)之一 |
| | F4 | P1/3 | 显示第 2 页软键功能 |

续表

| 页面 | 软键 | 显示符号 | 功能 |
|---|---|---|---|
| 2 | F1 | 设置 | 设置目标高和仪器高 |
| | F2 | 后视 | 设置后视点的坐标,并设置后视角度 |
| | F3 | 测站 | 设置测站点的坐标 |
| | F4 | P2/3 | 显示第3页软键功能 |
| 3 | F1 | 偏心 | 启动偏心测量功能 |
| | F2 | 放样 | 启动放样功能 |
| | F3 | 置角 | 设置方位角(与角度测量模式的置盘功能相同) |
| | F4 | P3/3 | 显示第1页软键功能 |

## 附7.4　角度测量模式

开机后仪器自动进入角度测量模式,或在基本测量模式下用"ANG"键进入角度测量模式,角度测量共两个界面,用"F4"在两个界面中切换(图2-43),两个界面中的功能分别是第一个界面:测存,置零,置盘;第二个界面:锁定,左右,竖角。这些界面下的各个功能的描述如下:

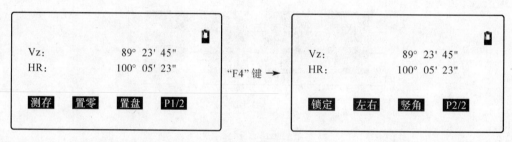

图 2-43

(1) 测存:保存当前的角度值到选定的测量文件。

• 按"F1"键后,出现输入"测点信息"对话框(如果事先没有选择过测量文件,此时出现"选择文件"对话让您有机会选择文件),要求您输入所测点的点名、编码、目标高。其中点名的顺序是在上一个点名序号上自动加1。编码则根据您的需要输入,而目标高则根据实际情况输入。选择"ENT"则保存到测量文件。

当补偿器超出范围时,仪器提示"补偿超出!",角度数据不能存储。

• 系统中的点名是按序号自动加1的,如果您确有需要请使用数字、字母键修改,如果您不需修改点名、编码、目标高,只需"ENT"接受即可。

• 系统保存记录,并提示"记录完成",提示框显示0.5 s后自动消失。

（2）置零：将水平角设置为 0。

• 按"F2"键。

• 系统询问"确认［置零］?"，"ENT"键置零，"ESC"退出置零操作，为了精确置零，请轻击"ENT"键。

（3）置盘：将水平角设置成需要的角度。

• 按"F3"键，进入设置水平角输入对话框，进行水平角的设置。

• 在度分秒显示模式下，如需输入 123°45′56″，只需在输入框中输入 123.4556 即可，其他显示模式正常输入。对话框如下（图 2－44）：

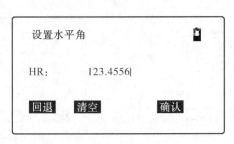

图 2－44

• 按"F4"确认输入，按"ESC"键取消，角度大于 360°时提示"置角超出!"。

（4）锁定：此功能是设置水平角度的另一种形式。

• 转动照准部到相应的水平角度后，按下"F1"按钮，此时再次转动照准部水平角保存不变。

• 转动照准部瞄准目标后，再次按下"F1"按钮，则水平角以新的位置为基准重新进行水平角的测量。

• 此模式下，除"F1"按钮外，其他按键无反应。

（5）左/右：按"F2"键，使水平角显示状态在 HR 和 HL 状态之前切换。HR：表示右角模式，照准部顺时针旋转时水平角增大，HL：表示左角模式，照准部顺时针旋转时水平角减小。

（6）竖角：按"F3"键，竖直角显示模式在 Vz，Vo，Vh，V% 之间切换。

• Vz：表示天顶距。

• Vo：以正镜望远镜水平时为 0°的竖直角显示模式。

• Vh：表示竖直角模式，望远镜水平时为 0，向上仰为正，向下俯为负。

• V%：表示坡度、坡度的表示范围为 −99.999 9% ～99.999 9%，超出此范围显示"超出!"。

其他说明：

- 如果补偿器超出±210″的范围,则垂直角显示框中将显示:"补偿超出!"。
- 在设置水平角度时,所置入的水平角度为目标点的方位角,通过此操作使仪器所显示的角度为坐标方位角。

### 附7.5　距离测量模式

按"DIST"键进入距离测量模式,距离测量共两个界面,用"F4"在两个界面中切换(图2-45),两个界面中的功能分别是第一个界面:测存,测量,模式;第二个界面:偏心,放样,m/f/i。这些界面下的各个功能的描述如下:

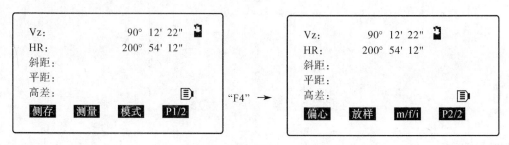

图 2-45

(1) 测存:按"F1"键后,出现输入"测点信息"对话框(如果事先没有选择过测量文件,此时出现"选择文件"对话让您有机会选择文件),要求您输入所测点的点名、编码、目标高。其中点名的顺序是在上一个点名序号上自动加1。编码则根据您的需要输入,而目标高则根据实际情况输入。

选择"ENT"则保存到测量文件。

当补偿器超出范围时,仪器提示"补偿超出!",距离测量无法进行,距离数据也不能存储。

(2) 测量:测量距离并显示斜距、平距、高差。在连续或跟踪模式下,用 ESC 键退出测距(图 2-46)。

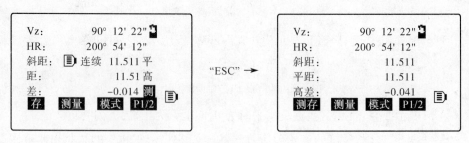

图 2-46

(3) 模式:用于选择,测距仪的工作模式分别是单次、多次、连续、跟踪,当按下"F3"

键时,弹出选择菜单(图2-47):

> 单次
> 多次 5
> 连续
> 跟踪

**图 2-47**

使用▲▼按钮移动选项指针">",移动相应的选项后,用"ENT"键确认;当移动到"多次"测量项时,用◀▶按钮可以使多次测量的测量次数在3～9次之中选择。

(4) 放样:进入距离放样功能。

如图2-48所示。

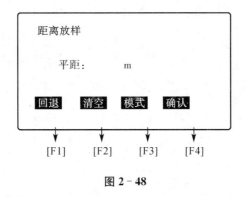

**图 2-48**

此界面中的"模式"使所输入距离的模式在"平距""高差"和"斜距"之间切换,进入时的默认模式为平距模式。输入距离后,"确认"进入距离放样模式,此后按"F2"键可以得到放样的结果。

其中:

dsd表示所测斜距与期望放样的斜距之差。如果为正,表示所测斜距比期望的斜距大,说明棱镜要向仪器移动。

dhd表示所测平距与期望平距之差。如果为正,则表示所测平距比期望平距大,说明棱镜要向仪器移动。

dvd表示所测高差与期望高差之差。如果为正,则表示所测高差比期望高差大,说明棱镜要向下移动(挖方)。

每次放样完毕,按"F4"切换到第2页,按"F2"可以继续进行放样,或者按"DIST"按钮返回距离测量模式。

m/f/i表示使距离显示模式在米(m)和英尺＋英寸显示模式之前切换。

其他说明:"▤ ▣▦"表示正在进行测距,当按下测量键"F1"或"F2"后,即出现"▤ ▣或▦",表示测距正在进行中,并提示当前测距的模式,停止测距后"▤ ▣▦"和测距模式的提示消失。其中"▤"表示棱镜测距,"▣▦"表示非棱镜测距。

### 附 7.6　坐标测量模式

用"CORD"键进入坐标测量模式。根据图 2 - 49 进行坐标测量时请务必做好仪器的站点坐标设置、方位角设置、目标高和仪器高的输入工作。

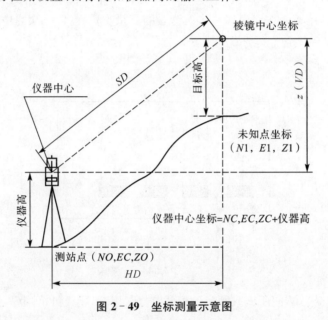

**图 2 - 49　坐标测量示意图**

坐标测量共 3 个界面,用"F4"在 3 个界面中切换(图 2 - 50),3 个界面中的功能分别是第一个界面:测存,测量,模式;第二个界面:设置,后视,测站;第三个界面:偏心,放样,置角。这些界面下的各个功能描述如下:

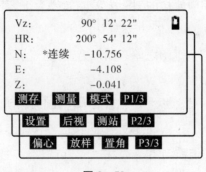

**图 2 - 50**

(1) 测存：按"F1"键在测量结束后，出现输入"测点信息"对话框（如果设置了"不编辑"则直接保存点；如果事先没有选择过测量文件，此时出现"选择文件"对话让您有机会选择文件；如果选择了"检查重名点"，若有同名坐标点时会有提示不可保存），要求您输入所测点的点名、编码、目标高。其中点名的顺序是在上一个点名序号上自动加1。编码则根据您的需要输入或调取，而目标高则根据实际情况输入。按"ENT"则保存到测量文件，保存的坐标点可以通过"测出点"进行调取。"ESC"则不保存。

当补偿器超出范围时，仪器提示"补偿超出！"，距离测量无法进行，坐标数据也不能存储。

(2) 测量：按"F2"键后，启动测距仪测程，计算出目标点的坐标并显示出来，如果当前测距模式为连续或跟踪模式，则连续用"ESC"键退出测距，也可以使用"ANG"或"DIST"切换到测角功能或测距功能，并自动停止测距。

(3) 模式：此功能与测距功能中的模式相同，请参考测距中的模式功能说明。

(4) 设置：在第二界面中，按"F1"键进入仪器高和目标高的输入，输入完成后以"ENT"表示接收输入，以"ESC"退出输入界面，表示不接受本次输入，通常想查看仪器高和目标高时，也使用此方式。仪器高目标高输入界面如下（图2－51）：

输入仪器高和目标高
仪器高：1.750
目标高：1.800

回退　清空　保存　确认

**图 2－51**

仪器对仪器高和目标高的输入是有要求的，当超出±99.999，使用"ENT"键时系统提示"仪器高超出"和"目标高超出"。如果您希望本次的输入在下次开机也有效，则按"保存"钮，将仪器高和目标高存到系统文件中。

(5) 后视：在第二界面中，按"F2"键后，进入后视（点）坐标的输入对话框（图2－52），输入后视点的坐标是为了建立地面坐标与仪器坐标之间的联系（本功能与测站功能一起使用），设置后视点之后，要求瞄准目标点，确认后，仪器计算出后视点方位角，并将仪器的水平角显示成后视点方位角，从此建立仪器坐标与大地坐标的联系，此过程称为"设站"。为了避免重复动作，在此功能操作之前请先进行"测站"功能的操作，然后进行后视坐标的输入并定向。定向时请精确瞄准目标。定向操作也可以在角度测量模式或本功能中通过"置角""置盘"和"锁定"的方法来实现，如果定向已在角度模式下实现，则此时的后视就不是必须的。

图 2 - 52

- 后视点坐标的输入可以通过键盘输入、测出点调取和已知点调取 3 种方式实现。
- 按"F3"键,选择"已知点"——从当前坐标文件中选择一个您期望的点,进入点列表界面(图 2 - 53)。

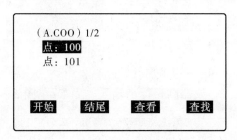

图 2 - 53

按▲▼键选择点后,按"ENT"键确定选择。如果找不到,则保持原来的坐标并提示"文件中没有记录"。

- 按"测出点",则从当前的测量文件中调取坐标数据,操作同"已知点"类似。
- 一点建议:因为在调取坐标时您可以方便地更换文件,建议您将坐标文件或代码文件进行分类后保存成一个个小文件,然后再使用。这样,既便于您对点名的记忆,又提高仪器查找点的速度。
- 当您用"ENT"结束对话时,系统提示您瞄准后视点,以便进行后视定向。

(6) 测站:其输入操作请参照后视点的输入方法执行,该操作请在设置后视点之前进行。

(7) 偏心:在第三界面下,按"F1"键进入偏心功能,偏心功能是为那些在待测点处无法放置棱镜或无法实现测距的情况而需要获取待测点坐标信息的情况而设计的。偏心功能又分为角度偏心、距离偏心(单距和双距)、平面偏心和圆柱偏心 4 个小功能,这些功能将在偏心测量一节详细描述。

(8) 放样:在第三界面下,按"F2"键进入坐标放样功能。使用放样功能可以将设计的数据放到地面点上去,此功能将放在放样一节详细描述。

（9）置角：在第三个界面下，按"F3"键可以输入此时的后视方位角。注意，此时必须瞄准后视点。

### 附 7.7　放样

就是在地面上找出设计所需的点的操作。放样需要以下步骤：

（1）选择放样文件，可进行测站坐标数据、后视坐标数据和放样点数据的调用。

（2）设置测站点。

（3）设置后视点，确定方位角。

（4）输入所需的放样坐标，开始放样。放样菜单界面如下（图 2 - 54）：

**图 2 - 54**

其中：设置测站点和设置后视点是放样前的准备工作，如果您确认在其他的功能中已经进行了设置站点和后视点的操作，这些操作也可以不做。设置测站点的操作方法参见坐标测量中的测站，设置后视点的操作方法参见坐标测量中的后视。设置后视点和方位角的目的是一样的，就是为了定后视点的方位角，操作时请务必瞄准后视点。

（1）点放样第一步：设置放样点。

界面如图 2 - 55 所示。

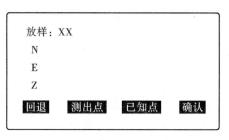

**图 2 - 55**

坐标点既可以键盘输入，又可以文件调取。如果选择"测出点"或者"已知点"，则坐标从文件中调取——这就要求您事先选择文件，但也并非必要，因为此时如果还没有选择文件，系统将提示您从文件列表中选择文件；或者您在此使用★键选择文件。然后从文件中调取坐标。调取点的方法参见测站部分说明。如果调取过点，则下次进入放样时，默认上次调取的文件和位置。

第二步：放样测量确认要放样的坐标后，按"ENT"键进入放样测量，界面如图2-56，2-57所示：

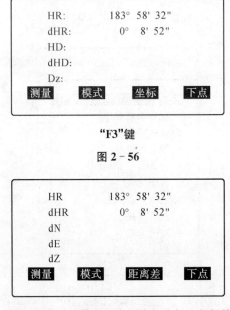

"F3"键

图 2-56

按"F3"键，放样结果可在距离与坐标之间切换

图 2-57

• dHR：为负表示照准部顺时针旋转，可以达到期望的放样点，则逆时针旋转照准部；

• dHD：为正表示棱镜要向仪器方向移动才能达到期望的放样点，反之则需要向背离仪器的方向移动；

• dN：为负时表示向北方向移动，棱镜可以达到期望的放样点，反之要向南移动。

• dE：为负时表示要向东方向移动棱镜可以达到期望的放样点，反之要向西方向移动。当 dZ 为正时，表示要向下挖方，反之则要向上填方。

• dZ：为正时表示目标（棱镜）要向下挖方，反之向上填方。

• "下点"：表示进行下一个点的放样，在当前选择的文件中查找到下一个坐标点，返回到输入放样坐标的界面并将坐标显示出来，按"确认"即可直接使用进行放样。

（2）快速设站：当现有控制点和放样点之间不能通视时，需要设置新点作为新的控制点，此时可以用侧视法（快速建设法）测定新的坐标点。选择此选项后进入如图 2 - 58 所示的界面：

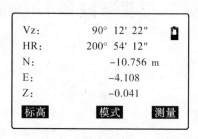

图 2 - 58

按"测量"按钮，测出新点的坐标，根据您的选择存入相应的文件，以便后面的调用。这里，"数据采集顺序"和"保存方式"及"重名点检查"同样有效。

## 2.5　GNSS 全球导航卫星系统和 GPS 信号接收机的认识与使用

### 2.5.1　知识要点

GNSS 是 Global Navigation Satellite System 的简称,中文译名为全球导航卫星系统。它是一个综合的星座系统,是一个全球性的时间和位置测定系统。

全球导航卫星系统国际委员会(ICG)公布的全球四大卫星导航系统分别是:美国GPS 全球定位系统、中国北斗卫星导航系统(BeiDou/COMPASS)、俄罗斯格洛纳斯全球导航卫星系统(GLONASS)和欧盟伽利略卫星导航系统(GALILEO)。其中,GPS 是世界上第一个建成并在全球范围内供军民两用的卫星导航定位系统,目前正处于现代化的进程中;中国北斗卫星导航系统于 2011 年底正式投入试运行,计划在 2020 年左右建成覆盖全球的导航系统;俄罗斯的 GLONASS 在经历资金短缺的困境后正在快速恢复其主要功能;欧盟的 GALILEO 在欧洲空间局及欧洲航天局的大力支持下正在抓紧部署并进展迅速。

#### 1. GPS 全球定位系统

GPS 全球定位系统(Global Positioning System,GPS)是美国国防部研制的全球性、全天候、连续的卫星无线电导航系统,它可提供实时的三维位置和高精度的时间信息,为测绘工作提供了一个崭新的定位测量手段。近年来,GPS 定位技术给测绘领域带来了一场深刻的技术革命,对测量科学和技术的发展具有划时代的意义。

GPS 全球定位系统由三大部分组成:空间部分—GPS 卫星星座,地面控制部分—GPS 地面监控系统,用户设备部分—GPS 信号接收机及信号处理系统。三者的关系见图 2-59。

GPS 卫星星座由 24 颗卫星组成,卫星均匀分布在 6 个轨道面内,每个轨道面上分布4 颗卫星,卫星轨道面相对于地球赤道面的倾角约为 55°,卫星轨道平均高度约为22 000 km,如图 2-60 所示。卫星运行周期为 11 小时 58 分,保证了在地球上和近地空间任一点、任何时刻均可同时观测 4 颗以上的卫星,并能保持良好定位计算精度的几何图形(DOP),使得连续、实时、精确的全球定位和导航成为可能。

地面监控部分由 1 个主控站、3 个注入站和 5 个监控站组成,其主要作用是跟踪观测GPS 卫星,准确计算卫星的轨道数据和时钟偏差,计算并编制卫星星历,启用备用卫星代

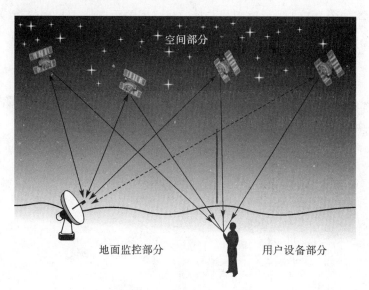

**图 2 - 59  GPS 三大组成部分**

替工作实效卫星。用户设备主要由 GPS 接收机和数据处理软件及信号处理系统组成,用以接收 GPS 卫星发射的无线电信号,获得必要的定位信息和观测量,经数据处理而完成定位工作。与传统光电测量相比,GPS 定位测量的优点有:不要求点与点之间的通视、定位精度高、观测时间短、提供三维坐标、全天候作业且操作简便。

**图 2 - 60  GPS 卫星星座**

**GPS 定位技术基本原理**:根据高速运转卫星的瞬间位置作为已知起算数据,采用空间距离后方交会的方法,确定待测点的位置,即以 GPS 卫星和用户接收机天线之间的距离(或距离差)的观测量为基础,并根据已知的卫星瞬时坐标来确定用户接收机所对应的三维坐标位置,如图 2-61 所示。卫星与接收机之间的距离 $\rho$、卫星坐标为 $(Xs,Ys,Zs)$ 与接收机三维坐标 $(X,Y,Z)$ 之间的关系式为

$$\rho^2 = (Xs-X)^2 + (Ys-Y)^2 + (Zs-Z)^2$$

式中卫星坐标 $(Xs,Ys,Zs)$ 可由导航电文求得,必须至少同时测定到 4 颗卫星的距离才可确定接收机坐标。

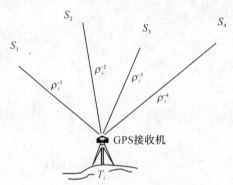

**图 2-61  GPS 定位技术原理图**

① 伪距测量:所测伪距是由卫星发射的测距码信号到达 GPS 接收机的传播时间乘以光速所得的量测距离,分为 C/A 码伪距和 P 码伪距。

② 载波相位测量:如图 2-62 所示,载波相位定位是将波长较短的载波作为测量信号,从而提高定位精度,载波测量的观测量即为卫星的载波信号与接收机参考信号之间的相位差,通过一定的函数关系得到接收机的位置。

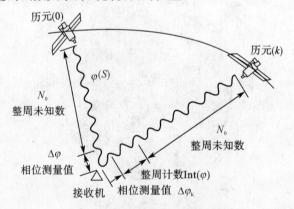

**图 2-62  载波相位测量原理图**

**GPS 定位技术作业模式**:根据设备配置和工作原理的不同,GPS 坐标定位一般分为绝对定位和相对定位;根据用户接收机状态的不同,可分为动态定位和静态定位。

① 绝对定位又称单点定位,即利用 GPS 卫星和用户接收机之间的距离观测值直接确定用户接收机天线在 WGS-84 坐标系中相对于坐标原点——地球质心的绝对坐标。

GPS绝对定位又分为静态绝对定位和动态绝对定位。静态定位精度为米级,动态定位的精度为 10~40 m。用户接收机天线处于运动的载体上,在动态情况下确定载体瞬时绝对位置,称为动态绝对定位,常用于飞机、船舶、车辆等;用户接收机处于静止状态,以确定观测站绝对坐标,称为静态绝对定位,常用于大地测量。

② 相对定位:至少用两台GPS接收机,同步观测相同的GPS卫星,确定两台接收机天线之间的相对位置(坐标差)。一般来说,相对坐标就是在 WGS-84 大地坐标系中,确定待测点与某一已知参考点之间的相对位置。相对定位是目前GPS定位中精度最高的一种定位方法,原理如图 2-63 所示。

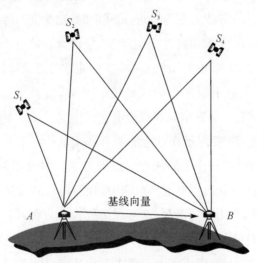

**图 2-63  相对定位示意图**

③ 基于 RTK(Real Time Kinematic)技术的坐标测量:RTK 测量设备如图 2-64 所示,基于参考站的 RTK 方法是建立在实时处理两个测站的载波相位基础上的,可实时提供观测点的三维坐标,并能够达到厘米级精度,该法与一般动态相对定位方法相比,定位模式相同,仅需要在基准站与流动站间增加一套数据链连接,即可实现各坐标点的实时计算和实时输出。

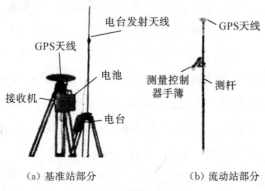

(a)基准站部分        (b)流动站部分

**图 2-64  RTK 测量设备**

## 2. 北斗卫星导航系统

北斗卫星导航系统(BeiDou Navigation Satellite System)是中国正在实施的自主研发、独立运行的全球卫星导航系统,缩写为 BDS。与美国的 GPS、俄罗斯的格洛纳斯、欧盟的伽利略系统兼容共用的全球卫星导航系统,并称为全球四大卫星导航系统。北斗卫星导航系统于 2011 年 12 月 27 日起提供连续导航定位与授时服务。

**星座构成**:北斗卫星导航系统空间段由 35 颗卫星组成,包括 5 颗静止轨道卫星、27 颗中地球轨道卫星、3 颗倾斜同步轨道卫星。5 颗静止轨道卫星定点位置为东经 58.75°、80°、110.5°、140°、160°,中地球轨道卫星运行在 3 个轨道面上,轨道面之间为相隔 120°均匀分布。至 2012 年底北斗亚太区域导航正式开通时,已为正式系统在西昌卫星发射中心发射了 16 颗卫星,其中 14 颗组网并提供服务,分别为 5 颗静止轨道卫星、5 颗倾斜地球同步轨道卫星(均在倾角 55°的轨道面上),4 颗中地球轨道卫星(均在倾角 55°的轨道面上)。北斗导航系统是覆盖中国本土的区域导航系统,覆盖范围东经 70°~140°,北纬 5°~55°。北斗卫星系统已经对东南亚实现全覆盖。

**北斗卫星定位原理**:35 颗卫星在离地面 2 万多千米的高空上,以固定的周期环绕地球运行,使得在任意时刻,在地面上的任意一点都可以同时观测到 4 颗以上的卫星。由于卫星的位置精确可知,在接收机对卫星观测中,我们可得到卫星到接收机的距离,利用三维坐标中的距离公式,利用 3 颗卫星,就可以组成 3 个方程式,解出观测点的位置($X$,$Y$,$Z$)。考虑到卫星的时钟与接收机时钟之间的误差,实际上有 4 个未知数,$X$、$Y$、$Z$ 和钟差,因而需要引入第 4 颗卫星,形成 4 个方程式进行求解,从而得到观测点的经纬度和高程。事实上,接收机往往可以锁住 4 颗以上的卫星,这时,接收机可按卫星的星座分布分成若干组,每组 4 颗,然后通过算法挑选出误差最小的一组用作定位,从而提高精度。

卫星定位实施的是"到达时间差"(时延)的概念:利用每一颗卫星的精确位置和连续发送的卫星上原子钟生成的导航信息获得从卫星至接收机的到达时间差。卫星在空中连续发送带有时间和位置信息的无线电信号,供接收机接收。由于传输的距离因素,接收机接收到信号的时刻要比卫星发送信号的时刻延迟,通常称之为时延,因此也可以通过时延来确定距离。卫星和接收机同时产生同样的伪随机码,一旦两个码实现时间同步,接收机便能测定时延;将时延乘上光速,便能得到距离。每颗卫星上的计算机和导航信息发生器可以非常精确地确定其轨道位置和系统时间,而全球监测站网保持连续跟踪。

**定位精度**:科研人员利用严谨的分析研究方法,从信噪比、多路径、可见卫星数、精度因子、定位精度等多个方面,对比分析了北斗和 GPS 在航线上不同区域、尤其是在远洋及南极地区不同运动状态下的定位效果。结果表明,北斗系统信号质量总体上与 GPS 相当。在 45°以内的中低纬地区,北斗动态定位精度与 GPS 相当,水平和高程方向分别可达 10 m 左右和 20 m 左右;北斗静态定位水平方向精度为米级,也与 GPS 相当,高程方向 10 m 左右,较 GPS 略差;在中高纬度地区,由于北斗可见卫星数较少、卫星分布较差,使得定位精度较差或无法定位。

**北斗卫星导航系统四大功能:**

① 短报文通信:北斗系统用户终端具有双向报文通信功能,用户可以一次传送 40～60 个汉字的短报文信息,可以达到一次传送达 120 个汉字的信息。在远洋航行中具有重要的应用价值。

② 精密授时:北斗系统具有精密授时功能,可向用户提供 20～100 ns 时间同步精度。

③ 定位精度:水平精度 100 m(1σ),设立标校站之后为 20 m(类似差分状态)。工作频率为 2 491.75 MHz。

④ 系统容纳的最大用户数:540 000 户/小时。

## 2.5.2  实验:GPS 信号接收机的认识与使用

本实验以 Trimble5700 GPS 信号接收机为例,学习 GPS RTK 定位的操作流程。

(1) 实验目的

① 了解 GPS 系统组成及定位原理。

② 了解 Trimble5700 GPS 信号接收机各部件名称、结构和功能。

③ 掌握 GPS RTK 定位的基本操作流程。

(2) 实验仪器和工具

基准站:基准站主机、基准站 GPS 天线、天线电缆、基准站主机电池、Trimmark3 基准站电台、电台天线电缆、电台天线、电台电源电缆、运输箱、三脚架及基座、电台天线架设装置。

流动站:流动站主机、流动站 GPS 天线、天线电缆、内置锂电池流动站背包、流动站对中杆、TSC-1 测量控制器、TSC-1 手簿测量控制器连接主机电缆及托架、电台天线及电缆。

其他:木桩和钉子若干,测钎一束,锤子一把,记录板一块,计算器,铅笔等。

(3) 实验内容

通过指导教师的讲解与操作,了解 Trimble5700 GPS 信号接收机各部件的名称、结构和功能,然后每个小组在各自测站上安装 GPS 基准站和流动站,学习 Trimble TSC-1 测量控制器的操作方法,最后进行地形点测量、连续地形测量以及工程放样练习。

(4) 实验方法和步骤

① 将基准站 GPS 信号接收机天线安置在测站上,精确对中、整平,将电源线、数据线和电台电缆等按照要求正确连接好。

② 将流动站 GPS 信号接收机天线与对中杆连接好,将数据线和电台电缆等按照要求正确连接好。

③ 天线安置好后,在观察时段的前后各量取天线高一次,要求两次天线高之差不大于3 mm,取平均值作为最后天线高,并记录。

④ 熟悉基准站和流动站 GPS 信号接收机各部件的名称、结构和功能,学习 Trimble TSC‐1 测量控制器的操作方法。

⑤ 开机,捕获 GPS 卫星信号并对其进行跟踪、接收和处理,以获取所需的定位和观测数据,进行地形点测量、连续地形测量以及工程放样练习。具体仪器操作方法和操作流程参见附录 8。

（5）实验记录表格

**GPS 观测实验记录表**

观测日期_____　　　　班级_____　　　第_____组　　观测者_____

仪器型号_____　　　　地点_____　　　天气_____　　记录者_____

| 点号 | 天线高 | $X$ | $Y$ | $Z$ |
|:---:|:---:|:---:|:---:|:---:|
| 1 | | | | |
| 2 | | | | |
| 3 | | | | |
| 4 | | | | |
| 5 | | | | |
| 6 | | | | |
| 7 | | | | |
| 8 | | | | |
| 9 | | | | |
| 10 | | | | |
| 11 | | | | |
| 12 | | | | |
| 13 | | | | |
| 14 | | | | |
| 15 | | | | |
| 16 | | | | |
| 17 | | | | |
| 18 | | | | |
| 19 | | | | |
| 20 | | | | |

（6）注意事项

① GPS 设备属于精密测量仪器，每个小组领取仪器后不要急于操作，应认真听完指导教师的讲解后，并对仪器各部件和各部分功能熟悉后，再按照要求进行操作；

② 为防止卫星信号失锁及多路径效应的影响，参考站周围应无高压线、电视台、无线电发射站和微波站等干扰；

③ 接收机应安置在视野比较开阔的地方，天线高度不宜过低，天线高度角 15°以上且不应有遮挡物，且要避免人为遮挡 GPS 天线；

④ 每个实验小组成员都要轮流操作仪器，观测过程中要注意观察卫星信号的变化情况。

# 附录 8　Trimble 5700 RTK 基本操作流程

## 附 8.1　各部件名称及性能(表 2-12)

表 2-12　Trimble 5700 GPS 信号接收机基本性能指标

| 项目 | 性能指标 |
|---|---|
| 静态测量 | 平面≤5 mm+0.5×$10^{-6}$×D;高程≤5 mm+1×$10^{-6}$×D;方位≤1 arc sec+5/D |
| 动态测量 RTK | 平面≤10 mm+1×$10^{-6}$×D;高程≤20 mm+1×$10^{-6}$×D |
| 质量 | 接收机(内置电池、内置电台、内置充电器)+Zephyr GPS 无线≤1.8 kg<br>完整的 RTK 流动站≤3.8 kg |
| 电源 | 10.5～28 V DC 和 220 V/50 Hz AC;带有电压保护装置 |
| 作业温度 | −40～+65 ℃ |
| 防水性 | 镁合金外壳,全封闭 100％放水,放下 1 m 抗压 |
| 防震 | 符合军标 MIL-STD-810F,混凝土地面抗 1 m 跌落 |
| 体积 | 11.9 cm×6.6 cm×20.8 cm |
| 数据采样率 | 1 Hz,2 Hz,5 Hz,10 Hz |
| RTK 坐标数据计算 | 10 Hz |
| 放样点数据更新速率 | 5 Hz |
| 数据链作用半径 | ≥25 km |

## 附 8.2　基准站和流动站的安装

### 1) 基准站的架设

① 将三脚架架设在基准站点上,整平对中,将 GPS 天线安装在基座上;

② 将 GPS 接收机与 GPS 天线正确连接,如图 2-65 所示;

③ 将基准站 6AH 电池正确接到主机上,端口见图 2-66;

④ 将测量控制器连接到主机上,端口见图 2-67;

⑤ 将 Trimmark3 电台天线与天线电缆连接上,端口见图 2-67;

⑥ 将电台天线电缆连接到 Trimmark3 天线接口上;

⑦ 将电台主机正确连接到蓄电池,注意正负极;

⑧ 用电台数据电缆将 Trimmark 电台连接到 GPS 主机端口 3 上;

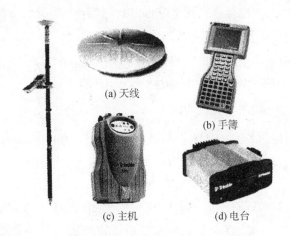

(a) 天线

(b) 手簿

(c) 主机

(d) 电台

图 2 - 65 Trimble 5700 GPS 系统

图 2 - 66 基准站天线及电台

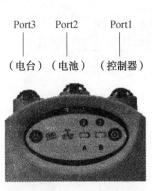

Port3 Port2 Port1

（电台）（电池）（控制器）

图 2 - 67 主机连线接口

⑨ 用脚架将电台天线架设起来,架设越高通信距离越远。

2) 流动站的安装

① 如图 2 - 68(a)所示,将电池正确安装到接收机中;

② 如图 2 - 68(b)所示,将数据记录 PC 卡插入卡槽中;

③ 如图 2 - 68(c)所示,将流动站 GPS 接收机正确安置在背包中;

④ 将 GPS 天线电缆连接到接收机天线端口;

（a）电池安装

（b）PC记录卡安装

（c）流动站背包安装

（d）流动站对中杆安装

图 2 - 68 流动站各部件连接及安装

　　⑤ 将流动站电台天线电缆连接到接收机电台端口,5700 流动站都是内置电台,所以只需要将电台天线电缆直接连接到主机端口;

　　⑥ 将测量控制用连接电缆与主机连接;

　　⑦ 如图 2-68(d)所示,将 GPS 天线安装在对中杆上;

　　⑧ 将电台天线与连接座安装在背包上;

　　⑨ 将测量控制器安装在对中杆上。

### 附 8.3　TSC-1 测量控制器

　　按控制器上面的【POWER】键,打开 TSC-1 测量控制器,出现如图 2-69 所示的主菜单,主菜单的各个功能如图 2-70 所示。

　　(1)【文件】:用于文件管理、项目文件的建立、数据查看、数据传输以及坐标系统的建立;

**图 2-69　TSC-1 测量控制器主菜单**

　　(2)【键入】:通过键盘输入点、线、面等数据,输入格式可以是格网坐标也可以是大地坐标;

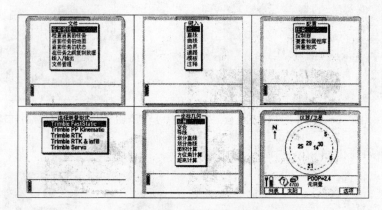

**图 2-70　主菜单的功能**

　　(3)【配置】:用于设置测量控制器的参数,包括硬件及软件环境,如项目属性单位、坐标方式等;

　　(4)【测量】:用于执行多种方式的测量任务以及点的校正;

　　(5)【坐标几何】:用于坐标几何量的计算;

　　(6)【仪器】:用于查看仪器的参数以及测量过程中仪器的接收状况,如位置精度因子、信噪比、导航等。

### 附8.4　文件设置

操作步骤如下：

(1) 打开文件，按 F1 新建任务，按【ENTER】键（图 2－71(a)）；

(2) 输入任务名称，"DEMO"，按【ENTER】键（图 2－71(b)）；

(3) 选择坐标系统，通常选择"无投影/无基准"，按【ENTER】键（图 2－71(c)）；

(4) 坐标方式选择"网格"，水准面模型"否"，按【ENTER】键（图 2－71(d)）；

(5) 文件建立完成，退出文件管理系统。

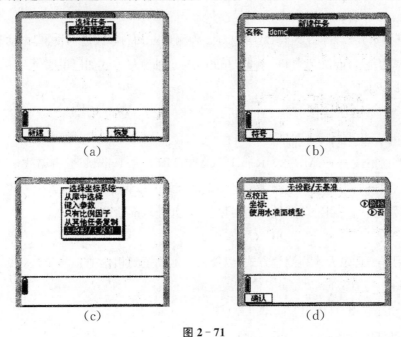

图 2－71

### 附8.5　配置设置

(1) 单位系统设置（图 2－72），一般可按传统的单位设置，如角度的度、分、秒，坐标系是格网型的高斯坐标（北、东、高），若事先设置好，则以后无需再设置。

图 2－72

（2）控制器设置（图 2 - 73），主要是进行控制器的有关硬件和软件及单位的设置，比如：时间/日期、语言以及相关的硬件信息。

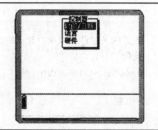

图 2 - 73

（3）测量形式设置（图 2 - 74）：可以对多种测量方式的参数进行设置，做动态 GPS 测量实验选择的是 Trimble—RTK 测量，在此仅对这种测量方式加以说明。

操作步骤如下：

① 配置，"测量形式"，选择 Trimble RTK（图 2 - 74(a)）。

② 基准站选项（图 2 - 74(b)）。

数据广播格式——CMR，CMR＋，RTCM，CMR＋为 Trimble 独有格式，传输更远；

测站索引——为在同一个测区内有多个基准站时以免互相干扰，索引号 1～29；

高度截止角——用于屏蔽低仰角卫星信号，此处基准站设置为 5°；

天线类型——5700 为 Zephyr Geodetic；

测量到——选定天线高测量方式，以便正确地改正到相位中心，5700 天线为 Bottom of notch（图 2 - 74(c)）。

③ 流动站选项，具体内容同基准站（图 2 - 74(d)）。

④ 基准站电台选项（图 2 - 74(e)）。

类型——Trimmark 3；控制器端口——下面；接收机端口——端口 3；波特率——38400；奇偶校验——无。

⑤ 流动站无线电选项（图 2 - 74(f)）。

5700 流动站都是内置电台，类型——Trimble internal（图 2 - 74(g)）。

⑥ 地形点设置（图 2 - 74(h)）。

用于设置点号增加步长，是否自动，存储点以及观测时间；

质量控制主要是记录一些原始的数据以便于后处理。

⑦ 连续地形点测量（图 2 - 74(i)）。

连续测量的工具，可以设置自动数据采集的方式，如以固定的时间间隔、以固定的距离间隔进行数据采集，在此主要设置精度限差和记录原始数据。

⑧ 放样设置(图2-74(j))。

主要进行对RTK放样时的参数设置,可设置水平限差,放样点的名称、代码。

显示网格变化量——放样时可根据具体情况确定是否显示坐标变化量。可以方向和距离作为导航要素,也可以向北、向东作为导航要素。

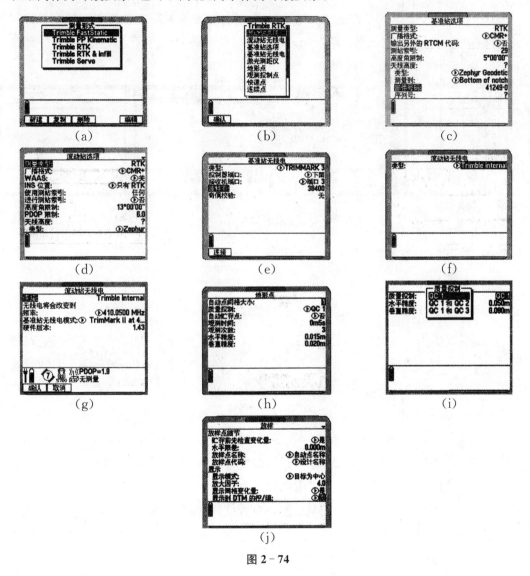

图 2-74

## 附8.6　启动基准站

操作步骤如下:

(1) 当基准站架设好以后,就可以进行RTK测量,首先,启动基准站接收机(图 2-75(a))。

（2）点名称——输入基准站点名，如果在控制器中已输入过基准点，则程序会自动调用，如在控制器中没有记录，则需键入；

代码——输入基准点代码；天线高度——输入量取的天线高度；

测量到——天线量取方法（图 2-75（b））。

（3）按 F1，开始测量，当进度指示条到 100％时，程序提示基准站启动完毕，断开控制器与接收机的连接电缆（图 2-75（c,d））。此时 Trimmark3 电台开始数据传输，屏幕显示"Trans"表示电台工作正常。

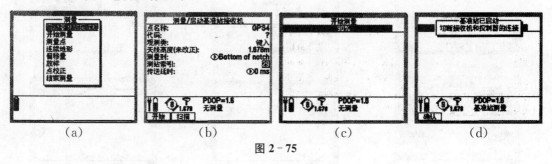

（a）　　　　　（b）　　　　　（c）　　　　　（d）

图 2-75

## 附 8.7　流动站测量

操作步骤如下：

（1）开始测量（图 2-76（a））。

（2）控制器引导接收机开始测量后，首先，仪器进行初始化（整周模糊度的固定）（图 2-76（b）），该过程大约需要 1 min。当初始化完成后，控制器提示"初始化完成"，这时就可以进行 PTK 测量了（图 2-76（c））。

（3）测量/测量点。

输入点名称，代码，天线高度（5700 流动站高 2 m）测量方法：Bottom of antenna mount；观测时间：当内符合精度满足限差要求时，程序可以自动存储数据（图 2-76（d））

（4）测量/连续地形测量（图 2-76（e））

Trimble 5700 提供连续地形测量功能，用户可以按固定时间间隔和距离间隔连续采集数据，并且自动记录数据。

（5）放样（图 2-76（f））。

放样功能有：放点、放线、DTM 放样、道路放样；

放点：可以现场输入放样点，也可以在办公室里通过 TGO 软件传输到控制器中，现场直接通过输入点号调用（图 2-76（g））。

（6）导航到点（图 2-76（h））。

选好放样点后，回车，进入放样导航界面。导航界面有图形显示和文本显示，当放样偏差满足限差要求时,即可定点测量,点放样可以是三维坐标放样。

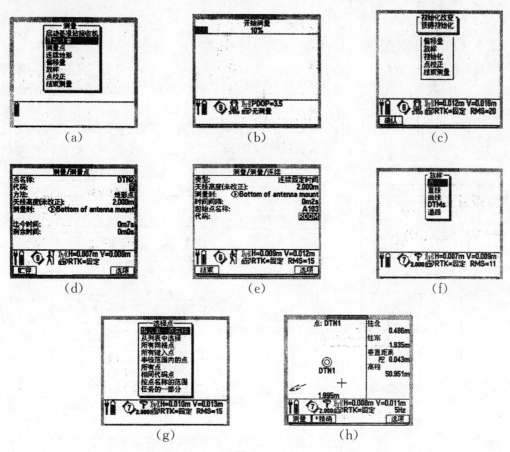

图 2-76

# 2.6 数字化测图

## 2.6.1 知识要点

(1) 数字地形图:地形图的表现形式不仅仅是绘制在纸上的地形图,更重要的是能够提交可供传输、处理和共享的数字地形信息。这种以数字形式表达地形特征的集合形态称为数字地形图(Digital Surveying and Mapping,DSM)。

(2) 数字测图系统是以计算机为核心,外连输入与输出设备,在硬件与软件的支持下,对地形数据信息进行采集、输入、成图、绘图、输出、管理的测绘系统。数字测图系统的流程主要由数据输入、数据处理和数据输出三大部分组成,如图 2-77 所示。

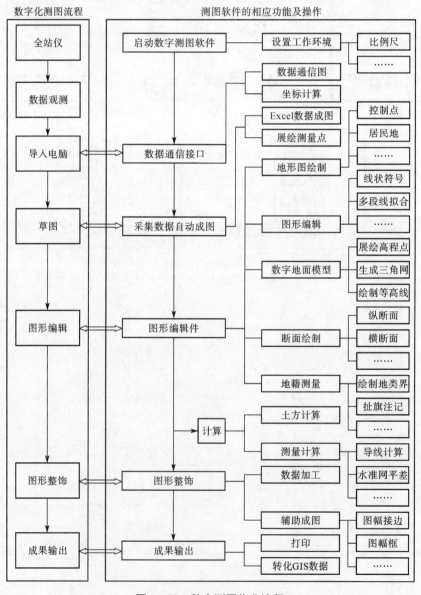

图 2-77 数字测图作业流程

数字测图软件是一种融合数据采集和图形编辑于一体的软件系统。它具有地理信息系统前端的数据采集-图形属性集成处理功能;可以方便灵活地制作出符合国家规范规定的地形图和地籍图;内置丰富的图形编辑、加工和整饰功能;支持完整的数字地面模型建立、土方量计算和工程断面图的绘制;具有放样和平差等计算功能;支持各种地籍图、土地报表的输出等。常见的数字测图软件有南方测绘仪器公司(South)开发的 CASS 系列软件,威远图仪器公司(WelTop)开发的 SV300 软件,它们都是在 AutoCAD 平台上开发的软件,可以充分利用 AutoCAD 强大的编辑功能。随着现代化测量仪器如全站仪和 GPS 的广泛应用,以及计算机硬件和软件技术迅猛发展与渗透,数字化测图软件功能不断增强,数字测图在测绘工程中得到快速普及,它使大比例尺测图走向了自动化和数字化。

(3) 数字化测图基本思想如图 2-78 所示。

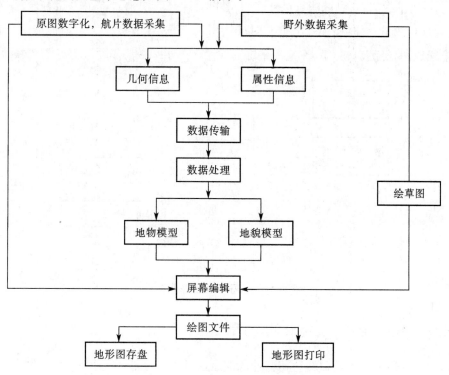

**图 2-78 数字化测图基本思想**

(4) 数字化测图的主要方法:草图法和电子平板法。

① 草图法:在测区利用全站仪或电子手簿采集并记录外业观测数据或坐标,同时草图员用手工现场勾绘地物属性关系草图。回到室内后,下载记录数据到计算机内,得到观测数据文件或坐标数据文件,将碎部点的坐标数据文件读入数字化测图软件系统直接展点,然后根据草图直接在屏幕上连线成图,经编辑修改、注记,图幅整饰,最终出图。

草图法作业流程见图 2-79。

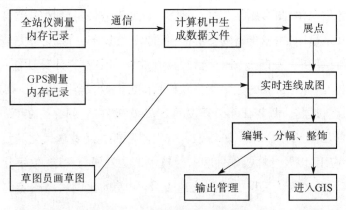

**图 2-79 草图法作业流程**

② 电子平板法:在测区用安装了数字化测图软件的便携式电脑直接与全站仪相连接,外业现场测量碎部点,并用电脑实时展绘所测点位,作业员根据实地地形情况,现场实时连线成图,经编辑、分幅、注记和整饰后成图。电子平板法作业流程见图 2-80。

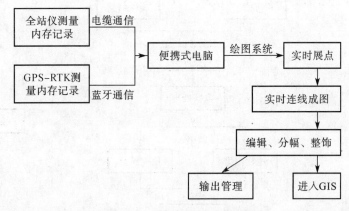

**图 2-80 电子平板法作业流程**

### 2.6.2 实验:全站仪数字化测图(草图法)

本次实验以南方测绘仪器公司开发的 CASS 软件为基础,学习和掌握草图法数字化测图的原理方法与主要步骤。

(1) 实验目的

① 理解草图法数字化测图的基本原理和方法。

② 掌握 CASS 测图软件的主要结构、基本操作流程和成图方法。

(2) 实验仪器和工具

全站仪一台,数据传输电缆一根,棱镜杆一根,棱镜一个,小钢卷尺(5 m)一个,测伞一把。

实验室配备:安装有 AutoCAD 和 CASS 软件的计算机一台,绘图仪一台,绘图纸若干张。

自备:铅笔,橡皮,草图记录本。

(3) 实验内容

① 利用全站仪进行外业数据采集可采用三维坐标测量方式,在一个测站点上施测周围地物和地貌的特征点(碎部点),测量时,应有一位同学绘制现场地物连接关系草图,采用边测边勾绘草图的方法进行。草图上须标注碎部点点号(与仪器中记录的点号对应一致)及地物属性。

② 回到室内,将全站仪的测量记录数据下载到电脑,得到观测数据文件或坐标数据文件,并转换成满足 CASS 软件成图所需的数据文件;展绘点位并根据草图直接在电脑屏幕上连线成图;编辑修改,图幅整饰,最终出图。

(4) 实验方法和步骤

① 外业数据采集

在测区选择 A、B 两个已知控制点,在测站点 A 上安置全站仪,对中、整平,然后量取仪器高。开启全站仪,并检查仪器是否正常。

建立控制点坐标文件,并输入坐标数据;建立碎部点文件。

设置测站,选择测站点点号或输入测站点坐标,输入仪器高和后视点 B 的点号、坐标及棱镜高。仪器瞄准后视点 B,进行定向,并可以选择其他已知点进行定向检查。

定向检查后即可进入碎部测量状态,利用全站仪采集测定各个碎部点的三维坐标并记录存储在其内存中,记录时注意棱镜高、点号和编码的正确性;绘图员同时勾绘现场地物连接关系草图。

每个测站测量一定数量的碎部点后,应进行归零检查,归零差不得大于 $1'$。

② 数据下载

在室内,利用数据传输电缆将全站仪内存中的数据文件传输到电脑中。CASS 系统中包含了多种全站仪数据下载的程序,可以直接利用 CASS 系统将全站仪测量记录的数据转换为所要求的坐标数据文件。具体流程如下:

将全站仪与电脑连接后,选择"读取全站仪数据";

选择正确的仪器类型;

选择"CASS 坐标文件",选定转换后存放坐标数据文件的文件夹,输入自己需要的坐标文件名;

点击"转换",即可将全站仪内存里的数据转换成标准的 CASS 坐标数据。

　　如果仪器类型里没有所需型号或无法通信,可先用该仪器自带的传输软件将数据下载到电脑上,然后将"联机"去掉,在"通信临时文件"选择下载的数据文件,"CASS 坐标文件"输入文件名,最后点击"转换",也可以完成数据转换。

　　③ 展绘碎部点

　　展绘碎部点分定显示区、展野外测点点号和展高程点三步进行。在电脑中打开CASS 软件,首先确定绘图区域,然后在绘图区域内展绘野外碎部点点位,再展绘高程点。

　　④ 绘制成图

　　根据绘图员勾绘的草图,对照屏幕上展会的各点,借助屏幕定位、坐标定位、点名定位三种方式以及 AutoCAD 的捕捉功能绘制地形图;然后利用 CASS 界面的"屏幕菜单"中的各种附属功能,如文字注记、植被园林和相关编辑工具,完成地形图的绘制。

　　⑤ 整饰图形

　　对已有图形进行细节上的编辑修改,如文字注记、文字遮盖、文字及注记符号位置调整等。

　　⑥ 成果输出

　　将绘制完成的图形文件存为□. dwg 文件,实验完毕后每小组上交一份打印图纸。

　　(5) 注意事项

　　① 在外业作业前应做好准备工作,将全站仪的电池充足电。

　　② 使用全站仪时,应严格遵守仪器操作规程,注意爱护仪器。

　　③ 外业数据采集后,应及时将全站仪数据导出到计算机中并备份。

　　④ 用数据传输电缆连接全站仪和计算机时,注意正确的连接方法并小心稳妥地连接和操作,以免数据丢失。

　　⑤ 草图绘制应清晰,点号应与全站仪测量记录的点号对应一致。

　　⑥ 每个小组成员应轮流操作,掌握在一个测站上进行外业数据采集的方法和基本操作流程。

　　⑦ 数据处理前,应先熟悉软件的工作环境和主要菜单功能,不要急于作图。每个小组成员都要求上机操作学习。

## 2.7　施工放样基本方法

### 2.7.1　知识要点

（1）测设：测设又称放样，是土木工程测量最主要的工作之一。它是将图纸上设计的建筑物或构筑物的平面位置和高程放样到地面上，作为施工的依据。具体来说，放样就是将设计图纸上建筑物的平面位置和高程与控制点或定位轴线点的平面位置和高程换算成它们之间的水平角、水平距离和高差，然后在实地用测量仪器放样水平角、水平距离和高程。

（2）测量基本元素测设

① 水平距离测设

以地面上某一点为线段的起点，在给定的方向线上标定出该线段的终点，使该线段的水平距离等于设计值。如图 2‑81 所示，已知地面上点 $A$（起点）及 $AC$ 方向，现要在 $AC$ 方向线上测设出点 $B$，使 $A$、$B$ 两点的水平距离等于设计值 $L$，其测设方法如下：

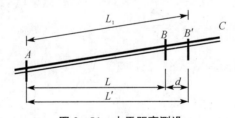

**图 2‑81　水平距离测设**

首先，从起点 $A$ 开始，沿 $AC$ 方向线丈量稍大于设计值 $L$ 的长度 $L_1$，得到点 $B'$；然后，精确测定 $L_1$ 的长度，得到 $AB'$ 的水平距离 $L'$，计算差值 $d = L' - L$；最后，按照 $d$ 的符号，用小钢尺从点 $B'$ 沿 $AC$ 方向线丈量出 $d$ 值即得到点 $B$，用标志固定下来。至此，水平距离 $L$ 测设完毕。

② 水平角测设

已知一个角的顶点和一个方向线,在地面上测设标定出角的另一方向线,使其与已知方向线间的水平夹角等于设计值。如图 2-82 所示,$AB$ 为一已知方向线,现要在点 $A$ 以 $AB$ 为起始方向往其右(或左)侧测设给定的水平角 $\beta$,其测设方法如下:

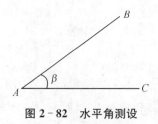

图 2-82　水平角测设

首先,在点 $A$ 安置经纬仪或全站仪,用盘左瞄准点 $B$,读取水平度盘读数;然后,松开水平制动螺旋,顺(或逆)时针转动照准部,使水平度盘读数增加(或减少)$\beta$ 值,此时望远镜视线方向即为欲测设的方向;最后,在此方向线上的适当位置处标定出点 $C$。至此,水平角测设完毕。

③ 高程测设

在实地上将某点的设计高程标定出来的过程即为高程测设。如图 2-83 所示,已知水准点 $A$ 的高程为 $H_A$,现欲在其附近的木桩上测设高程为 $H_B$ 的点 $B$,其测设方法如下:

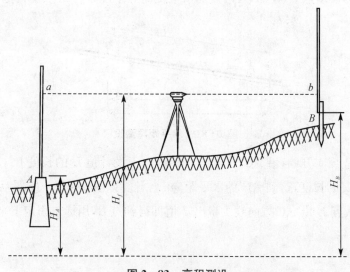

图 2-83　高程测设

首先,在 $A$、$B$ 两点之间安置水准仪,在点 $A$ 上竖立水准尺,读取后视读数 $a$;然后,计算出点 $B$ 的前视读数 $b=H_A+a-H_B$;最后,将水准尺紧贴在点 $B$ 处的木桩侧面并上下移动水准尺,当尺上读数为 $b$ 时,尺子底部的高程值即为设计高程,此时在紧靠尺底的木桩上画一水平线标定出点 $B$ 的设计高程。至此,高程测设完毕。

（3）平面点位测设的基本方法

平面点位的测设需要根据施工现场控制点的分布、地形情况及现场条件、放样对象的大小、设计提供的条件及放样精度要求等,综合利用测设水平角、水平距离的方法进行测设,常用的方法包括极坐标法、直角坐标法、角度交会法、距离交会法等。

① 极坐标法

极坐标法就是通过测设一个水平角和一段水平距离来完成点的平面位置测设。本方法测站架设灵活,适于流动性作业,这是一般工程放样最常采用的方法。

如图 2-84 所示,选取某控制点 $O$ 为极点（测站点）,其坐标值为 $O(x_0,y_0)$,与另一已知控制点 $A(x_A,y_A)$ 的连线构成起始方向作为极轴（零方向线）,起始方位角为 $\alpha_{OA}$,欲放样某点 $P(x_P,y_P)$,极坐标法放样的实质就是确定 $OP$ 的矢量大小。放样前应先求出放样元素数据,相应的计算公式如下:

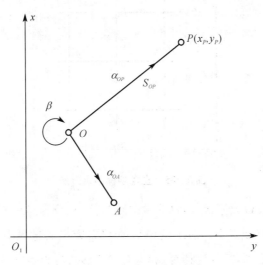

**图 2-84　极坐标测设方法**

$$S_{OP}=|OP|=\sqrt{(x_P-x_O)^2+(y_P-y_O)^2}$$

$$\alpha_{OP}=\arctan\frac{y_P-y_O}{x_P-x_O}$$

$$\alpha_{OA}=\arctan\frac{y_A-y_O}{x_A-x_O}$$

放样角:

$$\beta=\alpha_{OP}-\alpha_{OA}\,(+360°)$$

若 $\beta<0°$,则计算值需要加上 360°。

测设时,在点 $O$ 安置经纬仪,正镜(盘左)以 $0°00'00''$ 瞄准点 $A$,顺时针转动望远镜 $\beta$ 角值,在 $OP$ 方向线上量取水平距离 $S_{OP}$,在场地上定出点 $P$。按同法用倒镜(盘右)再定点 $P$,若两次测设的点 $P$ 不重合,取其平均点位即可。此方法需要两个已知控制点 $O$、$A$ 相互通视。

② 直角坐标法

如图 2 - 85 所示,坐标系 $xO_1y$ 为以建筑主轴线为基准设定的相对坐标系,若欲放样点 $P$ 的设计坐标为 $P(x_P, y_P)$,选择距离点 $P$ 最近的方格顶点 $O(x_O, y_O)$ 进行放样,放样前先求出放样元素 $\delta x$、$\delta y$,计算公式如下:

$$\delta x = x_P - x_O$$
$$\delta y = y_P - y_O$$

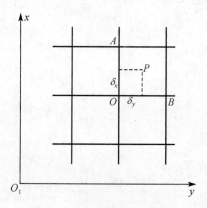

**图 2 - 85  直角坐标测设方法**

测设 $P$ 点时,在点 $O$ 安置经纬仪(或全站仪),点 $A$、$B$ 为建筑方格顶点上的两个已知点,用望远镜瞄准点 $A$(或点 $B$),沿视线 $OA$(或 $OB$)方向丈量纵距 $\delta x$(或横距 $\delta y$),在场地的方格网线上定出点 $C$,将仪器移至点 $C$,安置仪器后再瞄准点 $A$(或点 $B$),正、倒镜测设 $90°$ 角,沿直角的方向线丈量横距 $\delta y$(或纵距 $\delta x$),即得点 $P$ 在场地的平面位置。本方法测设简单,仪器精度要求不高,但需场地地势平坦以便于量距,适用于大型建筑场地的施工放样。

③ 角度(方向线)交会法

如图 2 - 86 所示,在已知控制点 $A$、$B$ 上,用经纬仪分别放样角 $\alpha$、$\beta$ 对应的方向线 $AP$、$BP$,两条方向线的交会点即为欲放样点 $P$ 的位置。此处,点 $P$ 的设计坐标为 $(x_P, y_P)$,已知控制点 $A$、$B$ 坐标分别为 $(x_A, y_A)$,$(x_B, y_B)$。放样元素 $\alpha$、$\beta$ 角为两交会方向边与已知边 $AB$ 的夹角,可根据放样精度的需要取最小单位。放样前,先求出放样元素 $\alpha$、$\beta$ 值,计算公式如下:

$$\alpha = \alpha_{AB} - \alpha_{AP}$$

$$\beta = \alpha_{BP} - \alpha_{AB}$$

$$\alpha_{AB} = \arctan \frac{y_B - y_A}{x_B - x_A}$$

$$\alpha_{AP} = \arctan \frac{y_P - y_A}{x_P - x_A}$$

$$\alpha_{BP} = \arctan \frac{y_P - y_B}{x_P - x_B}$$

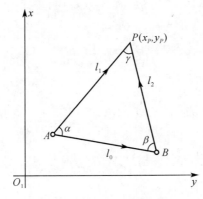

**图 2-86 角度交会测设方法**

测设时,分别在两个已知控制点 $A$、$B$ 上架设经纬仪,正镜(盘左)且同时用 $A$、$B$ 两点处的经纬仪相互瞄准,并各配置水平度盘读数为 $0°00'00''$;在点 $A$ 顺时针转动望远镜 $360° - \alpha$ 角值,在点 $B$ 顺时针转动望远镜 $\beta$ 角值,两条视线交会处即为放样点 $P$ 的实际位置。此方法适用于大型工程尤其是桥梁工程中桥墩中心的放样。

④ 距离交会法

距离交会法是通过测设两段已知距离交会出点的平面位置。如图 2-87 所示,设欲放样点 $P$ 的设计坐标为 $(x_P, y_P)$,场地已有的轴线控制点 $A$、$B$ 坐标分别为 $(x_A, y_A)$,$(x_B, y_B)$。利用以下计算公式,可以求算出距离交会的放样元素 $S_1$、$S_2$。

$$S_1 = (x_P - x_A)^2 + (y_P - y_A)^2$$

$$S_2 = (x_P - x_B)^2 + (y_P - y_B)^2$$

测设时,分别以 $A$、$B$ 两个点为圆心,以 $S_1$、$S_2$ 长为半径,在场地上点 $P$ 的估计位置附近画圆弧,两圆弧交会点即为放样点 $P$ 的位置。此方法适用于建筑场地平整,量距短且交会无障碍的情况。

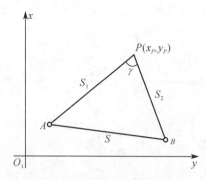

图 2 - 87　距离交会测设方法

### 2.7.2　实验:极坐标法测设点的平面位置

（1）实验目的

掌握施工中用极坐标法测设点的平面位置的方法

（2）实验仪器和工具

经纬仪一台，三脚架一个，花杆一根，测钎两根，钢尺一把，木桩和钉子若干，记录板一块。

自备:铅笔,计算器,计算纸。

（3）实验内容

① 计算用极坐标法测设点的平面位置的放样数据。

② 用极坐标法测设点位的方法和步骤。

（4）实验方法和步骤

① 如图 2 - 88 所示,在现场选定两点 $A$、$B$,将经纬仪安置在点 $A(65.88,70.33)$,控制边 $AB$ 的坐标方位角 $\alpha_{AB} = 90°$,设计点 $P$ 的坐标为 $(71.28,79.53)$。

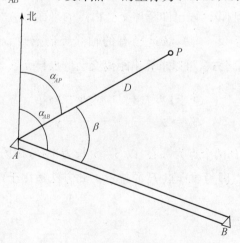

图 2 - 88　极坐标法测设点的平面位置

② 按照所给的假定条件和数据,计算出放样数据元素 $\beta$、$D$。

③ 根据计算出的放样元素进行测设:测设时,正镜(盘左)以 $0°00'00''$ 瞄准点 $B$,逆时针转动望远镜 $\beta$ 角值,在 $AP$ 方向线上量取水平距离 $D$,在场地上定出点 $P$。按同法用倒镜(盘右)再定出点 $P$,若两次测设的点 $P$ 不重合,取其平均点位即可。

(5) 注意事项

① 每位小组成员都应独立计算测设元素,然后相互检核计算数据,确保正确无误后再进行测设。

② 测设完毕后,必须进行认真检核,评定测设结果的精度。

### 2.7.3　实验:点的设计高程测设

(1) 实验目的

掌握施工中用水准仪进行设计高程测设的方法。

(2) 实验仪器和工具

水准仪一台,三脚架一个,水准尺一把,木桩若干,记录板一块。

自备:铅笔,计算器,计算纸。

(3) 实验内容

① 计算点的设计高程的放样数据。

② 选定两个控制点 $A$、$B$,练习用水准仪测设高程的方法。

(4) 实验方法和步骤

① 如图 2-89 所示,在现场选定两点 $A$、$B$,将水准仪安置在与点 $A$ 和点 $B$ 距离大致相等的位置,在 $A$ 点木桩上竖立水准尺。

② 整平水准仪,瞄准点 $A$ 上竖立的水准尺,读取后视读数 $a$,根据点 $A$ 的高程 $H_A$ 和测设高程 $H_B$,可以计算出点 $B$ 上水准尺应有的读数为

$$b = H_A + a - H_B$$

③ 将水准尺紧贴在点 $B$ 的木桩侧面,用水准仪瞄准 $B$ 尺读数,根据计算出的 $b$ 值,上、下移动调整 $B$ 尺,当观测得到的 $B$ 尺的前视读数等于计算所得的 $b$ 值时,沿 $B$ 尺尺底在木桩一侧画一红线作为标志,即为待测设的高程 $H_B$ 的位置。

④ 将点 $B$ 水准尺底面重新置于设计高程位置,再次作前、后视观测,进行检核。

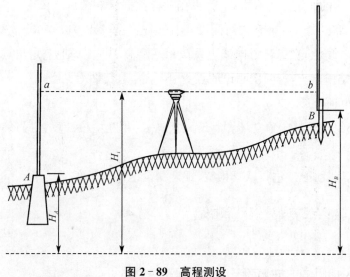

图 2‑89　高程测设

（5）注意事项

① 每位小组成员都应独立计算测设元素，然后相互检核计算数据，确保正确无误后再进行测设。

② 测设完毕后，必须进行认真检核，评定测设结果的精度。

# 3  测量学实习指导

## 3.1  实习要求与注意事项

### 3.1.1  实习基本要求及注意事项

（1）实习前，每位同学应认真预习实习内容，熟悉实习的目的、任务及要求，掌握测量作业程序，提高作业技能，在规定的时间内保质保量地完成实习任务。

（2）实习期间，各实习小组应保证测量仪器安全，各组要指定专人妥善保管仪器和工具。每天出工和收工时，都要按仪器清单清点仪器和工具数量，检查仪器和工具是否完好无损。在安置仪器时，特别是在仪器对中、整平后以及迁站前，一定要检查仪器与脚架的中心螺旋是否拧紧。观测员必须始终守护在仪器旁，注意过往行人及车辆，防止仪器被碰倒。严禁私自拆卸仪器，若发生仪器事故，不得隐瞒，应及时向指导教师报告，并按相关规定进行赔偿。

（3）实习过程中，学生应听从指导教师安排，严格遵守实习纪律和操作规程。观测数据必须直接记录在规定的手簿中，不允许用其他纸张记录再行转抄。对于读错、记错的数据，应按规定一笔划去，在上方填写正确数据。严禁擦拭、涂改数据，严禁伪造成果。在完成一项测量工作后，要及时计算、整理有关资料并妥善保管好记录手簿和计算成果。对于所得各项观测数据和计算成果，都必须用 2H 铅笔记录或填写在相应的记录表格中。实习结束后，应将所有观测数据和计算成果上交指导教师审阅。

（4）实习期间，各小组组长应切实负责，合理安排小组实习任务，使每一项工作都由小组成员轮流担任，并使每人都有练习的机会，切不可单纯追求实习进度。小组内、各组之间、各班之间都应团结协作，互相帮助，以保证实习任务的顺利完成。

（5）外业观测时，尤其是在道路上作业时，应注意自身安全；未经实习小组长和学校批准，不得缺勤、私自外出，实习期间要保护测区环境，爱护公物。

### 3.1.2  实习技术要求

实习的技术主要依据《工程测量规范》（GB 50026—2007）、《1∶500  1∶1 000

1：2 000地形图数字化规范》(GB/T 17160—2008)。

### 1. 一般规定

(1)坐标系统可采用国家坐标系或独立坐标系,由实习指导教师统一选定。

(2)测图比例尺可选用1：500、1：1 000、1：2 000,由实习指导教师根据测量任务和测区地形情况统一确定。

(3)地形图基本等高距根据地形类别和用途的需要,按表3-1的规定由实习指导教师统一确定。

表 3-1　基本等高距　　　　　　　　　　　　　　　　　m

| 基本等高距 | 平地 | 丘陵 | 山地 | 高山地 |
|---|---|---|---|---|
| 1：500 | 0.5 | 1.0(0.5) | 1.0 | 1.0 |
| 1：1 000 | 0.5(1.0) | 1.0 | 1.0 | 2.0 |
| 1：2 000 | 1.0 | 1.0(2.0) | 2.0(2.5) | 2.0(2.5) |

注:括号内的等高距按用图需要选用。

(4)地形图符号注记执行《1：500　1：1 000　1：2 000 地形图数字化规范》(GB/T 17160—2008)的规定。对图式中没有规定的符号,由实习指导教师统一规定,不得自行设计使用。

(5)地形图分幅采用正方形,规格为 50 cm×50 cm;图号以图廓西南角坐标千米数为单位编号,纵坐标 $x$ 在前,横坐标 $y$ 在后,中间用短线连接(如:1：500,10.5—21.5)。

(6)图根控制点相对于起算点的平面点位中误差不超过图上 0.1 mm;高程中误差不得大于测图基本等高距的 1/10。

(7)测站点相对于邻近图根点的点位中误差,不得大于图上 0.3 mm;高程中误差:平地不得大于 1/10 基本等高距,丘陵地不得大于 1/8 基本等高距,山地、高山地不得大于 1/6 基本等高距。

(8)图上地物点相对于邻近图根点的点位中误差与邻近地物点间距中误差,应符合表3-2的规定。

表 3-2　图上地物点点位中误差与间距中误差　　　　　　　　　mm

| 地区分类 | 点位中误差 | 邻近地物点间距中误差 |
|---|---|---|
| 城市建筑区和平地、丘陵地 | ≤0.5 | ≤±0.4 |
| 山地、高山地和设站施测困难的旧街坊内部 | ≤0.75 | ≤±0.6 |

注:森林隐蔽等特殊困难地区,可按表3-2中规定值放宽50%。

(9)地形图高程精度规定:城市建筑区和基本等高距为 0.5 m 的平坦地区,其高程注记点相对于邻近图根点的高程中误差不得大于 0.15 m,其他地区地形图高程精度应以等高线内插求点的高程中误差来衡量。等高线内插求点相对于邻近图根点的高程中误差，应符合表3-3的规定。

表3-3　等高线插求点的高程中误差

| 地形类别 | 平地 | 丘陵地 | 山地 | 高山地 |
|---|---|---|---|---|
| 高程中误差(等高距) | ≤1/3 | ≤1/2 | ≤2/3 | ≤1 |

注：森林隐蔽等特殊困难地区，可按表3-2中规定值放宽50%。

### 2. 地形图测绘内容及取舍

地形图应表示测量控制点、居民地和垣栅、工矿、学校建(构)筑物及其他设施、交通及附属设施、管线及附属设施、水系及附属设施、境界、地貌和土质、植被等要素，并对各要素进行名称注记、说明注记及数字注记。

地物、地貌各要素的表示方法和取舍原则，除应按现行国家标准《1∶500　1∶1 000　1∶2 000地形图数字化规范》(GB/T 17160—2008)执行外，还应符合下列规定：

(1) 各级测量控制点均应展绘在原图板上并加标注记。水准点按地物精度测定平面位置，图上应标注。

(2) 测绘居民地和垣栅。居民地按实地轮廓测绘，房屋以墙基为准正确测绘出轮廓线，并注记建材质料和楼房层数，依据不同结构、不同建材质料、不同楼房层次等情况进行标注。1∶500、1∶1 000测图房屋一般不综合，临时性建筑物可舍去；1∶2 000测图可适当综合取舍，居民区内的次要巷道图上宽度小于0.5 mm的可不表示，天井、庭院在图上小于6 mm²以下的可以综合，房屋层次及建材可根据需要标注出。建筑物、构筑物轮廓凸凹在图上小于0.5 mm时可用直线连接。道路通过散列式居民地不宜中断，应按真实位置测绘出。

城区道路以路沿线测出街道边沿线，无路沿线的按自然形成的边线表示。街道中的安全岛、绿化带及街心花园应绘出。

可依比例尺表示垣栅，应准确测出基部轮廓并配置相应的符号，不能依比例尺表示的垣栅应测绘出定位点、线并配置相应的符号。

街道的中心处、交叉处、转折处及地面起伏变化处，重要房屋、建筑物基部转折处，各单位的出入口等位置要测注高程点，垣栅的端点及转折处也要测注高程点。

(3) 工矿建(构)筑物及其他设施的测绘，包括矿山开采、勘探、工业、农业、科学、文教、卫生、体育设施和公共设施等，都应正确表示在地形图上。能依比例尺表示的应准确测绘出轮廓，配置相应的符号并根据地物的名称或设施的性质加注文字说明；不能依比例尺表示的设施应准确测定出定位点、定位线的位置，并加注文字说明。

凡具有判定方位、确定位置、指示目标的设施应测注高程点，如：入井口、水塔、烟囱、打谷场、雷达站、水文站、岗亭、纪念碑、钟楼、寺庙、地下建筑物的出入口等。

（4）独立地物是判定方位、指示目标、确定位置的重要依据，必须准确测定其位置。独立地物多的地区，应优先表示突出的，其余可择要表示。

（5）交通及附属设施的测绘：所有的铁路、有轨车道、公路、大车路、乡村路均应测绘。车站及附属建筑物、隧道、桥涵、路堑、路堤、里程碑等均需表示。在道路稠密地区，次要的人行道可适当取舍。铁路轨顶（曲线要取内轨顶）、公路中心及交叉口处、桥面等应测取高程注记点，隧道、涵洞应测注底面高程。公路及其他双线道路在大比例尺图上按实际宽度依比例尺表示，若宽度在图上小于 0.6 mm 时，则用半比例尺符号表示。公路、街道按路面材料划分为水泥、沥青、碎石、砾石、硬砖、沙石等，配以文字注记在图上。铺面材料改变处应用点线分离出。出入山区、林区、沼泽区等通行困难地区的小路，以及通往桥梁、渡口、山隘、峡谷及其特殊意义的小路一般均应测绘。居民地间应有道路相连并尽量构成网状。

1：500、1：1 000 测图测绘铁路依比例尺表示铁轨轨迹位置，1：2 000 测图测绘铁路中心位置可不依比例尺符号表示。电气化铁路应测出电杆（铁塔）的位置。火车站的建筑物按居民地要求测绘并加注名称。车站的附属设施如站台、天桥、地道、信号机、车挡、转车盘等均按实际位置测出。

公路按其技术等级分别用高速公路、等级公路（1～4 级）、等外公路按实地状况测绘并注记技术等级代码。国家干线还要注记国道线编号。等级公路应注记铺面宽和路基宽度。道路在同一水平面高度相交时，中断低一级的道路符号，不在同一水平面相交的道路交叉处应绘以桥梁或其他相应的地物符号。

桥梁是连接铁路、公路、河运等交通的主要纽带，正确表示桥梁的性质、类别，按实地状况测绘出桥头、桥身的准确位置，并根据建筑结构、建材质料加注文字说明。

正确表示河流、湖泊、海域的水运情况。码头、渡口、停泊场、航行标志、航行险区均应测绘并正确表示。

对铁路、公路、大车路等道路图上每隔 10～15 cm 及路面坡度变化处应测注高程点。桥梁、隧道、涵洞底部、路堑、路堤的顶部应测注高程，路堑、路堤亦要测注比高。当高程注记与比高注记不易区分时，在比高数字前加"＋"表示。

（6）管线及附属设施的测绘：正确测绘管线的实地定位点和走向特征，正确表示管线类别。

永久性电力线、通信线及其电杆、电线架、铁塔均应实测其位置。电力线应区分高压线和低压线。居民地内的电力线、通信线可不连线，但应在杆架处绘出连线方向。

地面和架空的管线均应表示，并注记其类别。地下管线根据用途需要决定表示与否,但入口处和检修井需表示。管道附属设施均应实测其位置。

(7) 水系及附属设施的测绘:海岸、河流、湖泊、水库、运河、池塘、沟渠、泉、井及附属设施等均应测绘。海岸线以平均大潮高潮所形成实际痕迹线为准,河流、湖泊、池塘、水库等水压线一般按测图时的水位为准。高水界按用图需要表示。溪流宽度在图上大于0.5 mm的用双线依比例尺表示,小于0.5 mm的用单线表示;沟渠宽图上大于1 m(1∶2 000比例尺测图大于0.5 mm)的用双线表示,小于1 mm(1∶2 000测图小于0.5 mm)的用单线表示。表示固定水流方向及潮流方向。水深和等深线按用图需要表示。干出滩按其堆积物和海滨植被实际表示。水利设施按实地状况、建筑结构、建材质料正确表示。较大的河流、湖、水库,按需要施测水位点高程及注记施测日期。河流交叉处、时令河的河床、渠的底部、堤坝的顶部及坡脚、干出滩、泉、井等要测注高程,瀑布、跌水测注比高。

(8) 境界的测绘:正确表示境界的类别、等级及准确位置。行政区划界有相应等级政府部门的文件、文本作为依据。县级以上行政区划界应表示,乡(镇)界按用图需要表示。两级以上境界重合时,只绘出高级境界符号,但需同时注出各级名称。自然保护区按实地绘出界线并注记相应名称。

(9) 地貌和土质利用等高线,配置地貌符号及高程注记表示。当基本等高距不能清楚显示地貌形态时应加绘间曲线,不能用等高线表示的天然和人工地貌形态,需配置地貌符号及注记。居民地中可不绘等高线,但高程注记点应能显示坡度变化特征。各种天然形成和人工修筑的坡、坎,其坡度在70°以上时表示陡坎,在70°以下时表示斜坡。斜坡在图上投影宽度小于2 mm时宜表示陡坎并测注比高,当比高小于1/2基本等高距时,可不表示。梯田坎坡顶及坡脚在图上投影大于2 mm以上时实测坡脚,小于2 mm时测注比高,当比高小于1/2等高距时可不表示。若梯田坎较密,两坎间距在图上小于10 mm时可适当取舍。断崖应沿其边沿以相应的符号测绘于图上。冲沟和雨裂视其宽度按图式在图上分别以单线、双线或陡壁冲沟符号绘出。

为了便于判读,每隔四根等高线描绘一根计曲线,当两根计曲线的间隔小于图上2.0 mm时,只绘计曲线。应选适当位置在计曲线上注记等高线高程,其数字的字头应朝向坡度升高的方向。在山顶、鞍部、凹地、盆地、斜坡不够明显处及图廓边附近的等高线上,应适当绘出示坡线。等高线如遇路堤、路堑、建筑物、石坑、断崖、湖泊、双线河流以及其他地物和地貌符号时应间断。各种土质按图式规定的相应符号表示。应注意区分沼泽地、沙地、岩石地、露岩地、龟裂地、盐碱地等。

(10) 植被:应表示出植被的类别和分布范围。地类界按实地分布范围测绘,在保持地类界特征的前提下,对凹进凸出部分图上小于5 mm可适当综合,地类界与地面上有实物的线状符号(如道路、河流、坡坎等)重合或接近平行且间隔小于 2 mm 时地类界可省略不绘,当遇境界、等高线、管线等符号重合时,地类界移位 0.2 mm 绘出。

耕地需区分稻田、旱地、菜地及水生经济作物地。以树种和作物名称区分园地类别并配置相应的符号。林地在图上大于 25 cm² 以上的需注记树名和平均树高,有方位和纪念意义的独立树要表示。田埂宽度在图上大于 1 mm(1∶500 测图 2 mm)以上用双线表示。在同一地段内生长多种植物时,图上配置符号(包括土质)不超过三种。田角、田埂、耕地、园地、林地、草地均需测绘并标注高程。

(11) 注记:地形图上应对行政区划、居民地、城市、工矿企业、山脉、河流、湖泊、交通等地理名称应调查核实,正确注记。注记使用的简化字应按国务院颁布的有关规定执行。图内使用的地方字应在图外注明其汉语拼音和读音。注记使用的字体、字级、字向、字序形式按《1∶500　1∶1 000　1∶2 000 地形图数字化规范》(GB/T 17160—2008)执行。

### 3. 地形图的拼接

每幅地形图应测出图廓外 5 mm,自由图边在测绘过程中应加强检查,确保无误。

地形图接边只限于同比例尺且同期测绘的地形图。接边限差不应大于表 3-2 和表 3-3 中规定的平面、高程中误差的 $2\sqrt{2}$ 倍。接边误差若超过限差时,应现场检查改正;如不超过限差,可平均配赋其误差。接边时线状地物的拼接不得改变其真实形状及相关位置,地貌的拼接不得产生变形。

### 4. 地形图的检查与验收

地形图的检查包括自检、互检和指导教师检查。在全面检查符合规范要求之后,即可予以验收,并按质量评定等级。

## 3.2　实习准备工作及进度安排

### 3.2.1　实习的组织及测绘场地范围的划分

（1）实习期间的组织工作应由指导教师全面负责。实习工作按小组进行，以班级为单位建立各个测量实习小组，每个班级一般分为 5 个小组，每组成员应在 6 人左右。每个实习小组设组长 1 人，负责安排全组的实习作业进度和仪器管理工作。

（2）测绘图幅为 50 cm×50 cm。每小组测区面积 250 m×250 m。

### 3.2.2　实习仪器的准备

全站仪 1 台（数字化成图时使用），对中杆 1 个，棱镜杆 1 根，棱镜 2 个，经纬仪 1 台（传统成图时使用），水准仪 1 台，平板仪 1 套，钢尺、皮尺和小钢卷尺各 1 把，水准尺一对（2 根），花杆 2 根，测钎 1 束，记录板 1 块，比例尺 1 支，地形图图示 1 本，量角器 1 个，斧子 1 把，水泥钉及木桩若干，背包 1 个，测伞 1 把，有关绘图图纸、记录手簿和计算纸等。各组自备计算器以及铅笔等。

### 3.2.3　实习进度的安排

实习进度安排见表 3-4。

表 3-4　实习进度计划表

| 序号 | 项目与内容 | 时间安排 | 任务与要求 |
|---|---|---|---|
| 1 | 实习动员、借领测量仪器工具、踏勘测区选点 | 1 天 | 做好出测前的准备工作，熟悉测区，制订本组实习计划 |
| 2 | 控制测量 | 2～3 天 | 完成 1～2 条导线测量任务 |
| 3 | 坐标方格网绘制，展点，碎部测量，大比例尺地形图的测绘 | 5～7 天 | 以 1∶500 为比例尺地形图测绘 250 m×250 m 区域 |
| 4 | 地形图清绘 | 1～2 天 | 地形图注记，等高线勾绘，图的清绘、拼接等 |
| 5 | 点位、曲线放样 | 1～2 天 | 完成一个建筑物的施工放样，掌握点的平面位置及曲线测设的全过程 |
| 6 | 仪器检校、实习总结 | 1～2 天 | 检校仪器各轴系关系，整理实习资料 |
| 7 | 机动 | 1 天 | |
| 8 | 提交实习成果、归还仪器 | 1～2 天 | 指导教师审阅图纸合格后归还仪器于实验室 |

# 3.3　实习工作的展开

## 3.3.1　控制测量

控制测量的实习内容包括平面控制测量和高程控制测量两部分。实习过程中,要在测区内根据已知控制点的分布位置,在实地选取图根据控制点布设平面和高程控制网(可以是在同一导线上),通过测量和计算确定图根控制点的平面位置($x,y$)及高程($H$)。

### 1. 平面控制测量

在测区内实地踏勘,根据测区的范围和地形情况进行布网选点。在量距较方便的情况下布设闭合导线,如果测区已知起始控制点较多,也可布设成附合导线,原则上每小组至少要布设一条闭合或附合导线(线路上控制点以 9~10 个为宜),经计算合格后,在该导线基础上可以进行支导线的加密工作以满足测图需要。合格的外业观测成果经过内业计算最终获得控制点的平面坐标。

(1)踏勘选点及埋设标志

踏勘是为了了解测区范围、地形及已知控制点的分布情况,以便确定导线的形式和布置方案;选点应便于导线测量、地形测量和施工放样。

踏勘选点的原则:

① 相邻导线点应通视良好便于测角和量距;

② 导线点应选在土质比较坚硬、地势高、视野开阔处,以便加密图根点和碎部测量;

③ 相邻导线边长大致相等,避免过长或过短;

④ 导线点的布置应密度适宜,点位分布均匀,以便控制整个测区;

⑤ 若测区内有已知等级控制点,则所选图根控制点应包括已知点。

选好点位后直接在地面上建立标志(打入木桩或钉入水泥钉,木桩顶钉一小铁钉或画"+"作为点的标志),并按照一定顺序统一进行编号。

(2)角度测量

导线的角度可细分为转折角和连接角。

在各待测导线点上所观测的水平角为转折角。实习时可使用经纬仪或全站仪测量角度。在导线测量中,附合导线和支导线一般习惯观测左角,闭合导线一般均观测内角。精度要求见表 3-5。

　　导线的连接角是已知边与相邻新布设的导线边之间的夹角,测量导线的连接角可以取得坐标和方位角的起算数据。因附合导线与两个已知高级控制点连接,所以应观测两个连接角,而闭合导线和支导线只需观测一个连接角。

表 3-5　城市导线测量主要技术要求

| 等级 | 导线长度/<br>km | 平均边长/<br>km | 测角中误差/<br>(″) | 测距中误差/<br>mm | 测回数 | | | 方位角闭合差/<br>(″) | 导线全长相<br>对闭合差 |
|---|---|---|---|---|---|---|---|---|---|
| | | | | | DJ$_1$ | DJ$_2$ | DJ$_6$ | | |
| 三等 | 15 | 3 | ±1.5 | ±18 | 8 | 12 | — | ±3$\sqrt{n}$ | 1/60 000 |
| 四等 | 10 | 1.6 | ±2.5 | ±18 | 4 | 6 | — | ±5$\sqrt{n}$ | 1/40 000 |
| 一级 | 3.6 | 2.4 | ±5 | ±15 | — | 2 | 4 | ±10$\sqrt{n}$ | 1/10 000 |
| 二级 | 2.4 | 1.5 | ±8 | ±15 | — | 1 | 3 | ±16$\sqrt{n}$ | 1/10 000 |
| 三级 | 1.5 | 0.12 | ±12 | ±15 | — | 1 | 2 | ±24$\sqrt{n}$ | 1/6 000 |
| 图根 | ≤1.0$M$ | | ±30 | | | | | ±60$\sqrt{n}$ | 1/2 000 |

注:1. $n$ 为测站数,$M$ 为测图比例尺分母;

　　2. 图根测角中误差为 ±30″,首级控制 ±30″;方位角闭合差一般为 ±60″$\sqrt{n}$,首级控制 ±40″$\sqrt{n}$。

　　(3)边长测量

　　传统导线测量可采用钢尺和光电测距仪等方法测量边长。如果采用钢尺量距的方法测量导线边长,对于图根导线,可以按照普通量距方法进行往返测量,取往返测量结果的平均值作为测量结果,其相对误差不得低于 1/3 000,特殊和困难地区可放宽至1/1 000。

　　随着测绘技术的发展,目前利用全站仪测距已成为距离测量的主要手段。实习时可用全站仪往、返丈量取平均值的方法测量边长,单向测量需记录测量显示值 3 次。往返丈量边长相对误差的限差为 1/5 000,测量时需用光学对中法安置仪器,观测时棱镜要尽量垂直竖立。

　　(4)联测

　　当测区内无已知控制点时,应尽可能找到测区外的已知控制点,并与本测区所设图根控制点进行联测,这样可使所布设的控制网纳入统一的坐标系统,也便于相邻测区边界部分的碎部测量和图幅接边工作。

　　(5)控制点平面坐标计算

　　首先校核外业观测数据,全面检查观测成果是否符合精度要求,并检查抄录的起算数据是否正确。在观测成果合格的情况下进行导线闭合(附合)差的分配,然后根据角度及边长的测量结果和一定的计算规则,推算出各导线控制点的平面坐标。计算应在导线坐标计算表中进行,计算中角度取至秒,边长和坐标值取至毫米,计算过程如下:

① 在导线坐标计算表中填写已知数据和观测数据。

② 角度闭合差的计算与调整

闭合导线角度闭合差

$$f_{\beta} = \sum_{i=1}^{n} \beta - (n-2) \cdot 180°$$

符合导线角度闭合差

测左角:

$$f_{\beta} = \alpha_{始} + \sum_{i=1}^{n} \beta_{左} - n \cdot 180° - \alpha_{终}$$

测右角:

$$f_{\beta} = \alpha_{始} - \sum_{i=1}^{n} \beta_{右} + n \cdot 180° - \alpha_{终}$$

图根导线角度闭合差的容许值

$$f_{\beta容} = \pm 40'' \sqrt{n}$$

若导线角度闭合差 $f_{\beta} \leqslant f_{\beta容}$,则角度观测值符合精度要求,可对角度进行闭合差改正,使改正后的角值与其真值相符合。

角度改正数

$$v_i = -\frac{f_{\beta}}{n}$$

改正后角值

$$\bar{\beta}_i = \beta_i + v_i$$

③ 导线边坐标方位角推算

左角推算关系式

$$\alpha_{i,i+1} = \alpha_{i-1,i} \pm 180° + \bar{\beta}_i$$

右角推算关系式

$$\alpha_{i,i+1} = \alpha_{i-1,i} \pm 180° - \bar{\beta}_i$$

④ 导线边坐标增量闭合差计算

纵坐标增量

$$\Delta x_{i,i+1} = D_{i,i+1} \cdot \cos\alpha_{i,i+1}$$

横坐标增量

$$\Delta y_{i,i+1} = D_{i,i+1} \cdot \sin\alpha_{i,i+1}$$

闭合导线坐标增量闭合差

$$f_x = \Sigma\Delta x$$
$$f_y = \Sigma\Delta y$$

符合导线坐标增量闭合差

$$f_x = x_{起} + \Sigma\Delta x - x_{终}$$
$$f_y = y_{起} + \Sigma\Delta y - y_{终}$$

⑤ 导线全长闭合差及其相对闭合差的计算

导线全长闭合差

$$f = \sqrt{f_x^2 + f_y^2}$$

导线全长相对闭合差

$$K = \frac{f}{\Sigma D} = \frac{1}{\Sigma D/f}$$

图根导线全长相对闭合差的容许值

$$K_{容} = \frac{1}{2\ 000}$$

若 $K \leqslant K_{容}$，则边长测量满足精度要求，可以对坐标增量进行闭合差改正。

⑥ 导线坐标增量改正数及改正后坐标增量的计算

纵坐标增量改正数

$$v_{\Delta x_{i,i+1}} = -\frac{f_x}{\Sigma D} \cdot D_{i,i+1}$$

横坐标增量改正数

$$v_{\Delta y_{i,i+1}} = -\frac{f_y}{\Sigma D} \cdot D_{i,i+1}$$

改正后纵坐标增量

$$\overline{\Delta x_{i,i+1}} = \Delta x_{i,i+1} + v_{\Delta x_{i,i+1}}$$

改正后横坐标增量

$$\overline{\Delta y_{i,i+1}} = \Delta y_{i,i+1} + v_{\Delta y_{i,i+1}}$$

⑦ 导线点坐标计算

纵坐标

$$x_{i+1} = x_i + \overline{\Delta x_{i,i+1}}$$

横坐标

$$y_{i+1} = y_i + \overline{\Delta y_{i,i+1}}$$

## 2. 高程控制测量

在踏勘选点的同时布设高程控制网,高程控制网点与平面导线网点可合为一处,并测定图根点的高程。首级起算高程控制点,一般设在平面控制点上(已知水准点),图根高程控制点采用图根水准测量,布网形式可为闭合水准路线或附合路线。闭合差限差可参见相关规范要求。

(1) 水准测量

利用自动安平水准仪沿水准路线设站单程施测,可采用双面尺法或变动仪器高法进行观测,并取高差平均值作为该站的高差。图根水准测量的技术指标为视线长度不超过 50 m,同测站两次高差的差值不大于 $\pm 6$ mm,路线允许高差闭合差为 $\pm 40\sqrt{L}$ (mm)或 $\pm 12\sqrt{n}$(mm),其中 $L$ 为单程路线长度(km),$n$ 为测站数。

(2) 高程计算

对水准路线高差闭合差进行调整后,由已知点高程推算各图根点高程。观测和计算单位取至毫米,最后计算成果取至厘米。计算过程如下:

① 在水准测量成果计算表中填写已知数据和观测数据

② 高差闭合差及其限差计算

闭合水准路线高差闭合差

$$f_h = \sum h$$

附合水准路线高差闭合差

$$f_h = H_{起} + \sum h - H_{终}$$

普通水准测量高差闭合差的容许值

$$f_{h容} = \pm 40\sqrt{\sum L}\,(平地)$$

$$f_{h容} = \pm 12\sqrt{\sum n}\,(山地)$$

式中：$\sum L$ 为水准测量路线总长(km)；$\sum n$ 为水准测量路线测站总数。若 $f_h \leqslant f_{h容}$，则可以调整分配高差闭合差 $f_h$。

③ 高差改正数计算

水准路线高差闭合差的调整按照与测站数(或距离)成正比例反符号分配的原则进行。

高差改正数

$$v_{i,i+1} = -\frac{f_h}{\Sigma h} \cdot n_{i,i+1}$$

或

$$v_{i,i+1} = -\frac{f_h}{\Sigma h} \cdot L_{i,i+1}$$

高差改正数的计算检核

$$\sum v_i = -f_h$$

④ 改正后高差计算

改正后高差

$$\bar{h}_{i,i+1} = h_{i,i+1} + v_{i,i+1}$$

⑤ 图根点高程计算

图根点高程

$$H_{i+1} = H_i + \bar{h}_{i,i+1}$$

## 3.3.2 碎部测量

碎部测量是以控制点为测站,测定周围地面上地物、地貌的特征点的平面位置和高程,并按规定的图示符号绘制成地形图。

地物、地貌的特征点,统称为地形特征点,亦称碎部点,正确选择碎部点是碎部测量中十分重要的工作,它是地形测绘的基础。碎部点一般选在地物轮廓的方向线变化处,如房屋角点、道路转折点或交叉点、河岸水涯线或水渠的转弯处等。对于形状不规则的地物,通常要进行取舍。一般规定是主要地物凸凹部分在地形图上大于 0.4 mm 均应测定出来,小于0.4 mm时可用直线连接。一些用非比例符号表示的地物,如独立树、纪念碑和电线杆等独立地物,则应测定中心点位置。地貌特征点通常选在最能反映地貌特征的山脊线、山谷线等地性线上,如山顶、鞍部、山脊、山谷、山坡、山脚等坡度或方向的变化点,利用这些特征点勾绘等高线,才能在地形图上真实地反映出地貌特征。在地面平坦或坡度无显著变化地区,碎部点间距和碎部点的最大视距,应符合表 3-6 规定。城市建筑区最大视距,参见表 3-7 所示。

表 3-6　平坦区域最大视距

| 测图比例尺 | 地形点最大间距/m | 最大视距/m | |
| --- | --- | --- | --- |
| | | 主要地物点 | 次要地物点和地形点 |
| 1∶500 | 15 | 60 | 100 |
| 1∶1 000 | 30 | 100 | 150 |
| 1∶2 000 | 50 | 130 | 250 |
| 1∶5 000 | 100 | 300 | 350 |

表 3-7　城市建筑区最大视距

| 测图比例尺 | 最大视距/m | |
| --- | --- | --- |
| | 主要地物点 | 次要地物点和地形点 |
| 1∶500 | 50(最距) | 70 |
| 1∶1 000 | 80 | 120 |
| 1∶2 000 | 120 | 200 |

## 1. 地物描绘

地形图的描绘要按地形图图式规定的符号表示地物。依比例描绘的房屋,轮廓要用直线连接,道路、河流的弯曲部分要逐点连成光滑的曲线。不能依比例描绘的地物,需按规定的非比例符号表示。

## 2. 等高线勾绘

等高线是根据碎部点的平面位置和高程勾绘出来的。由于等高线表示的地面高程均为等高距 $h$ 的整倍数,因而需要在两碎部点之间内插以 $h$ 为间隔的等高点。内插要在同坡段上进行。实习过程中,勾绘等高线主要采用两种方法。

### (1) 目估法

如图 3-1(a)所示,为某局部地区地貌特征点的相对位置和高程,已测定在图上。首先连接地性线上同坡段的相邻特征点 $ba$、$bc$ 等,虚线表示山脊线,实线表示山谷线,然后在同坡段上，按高差与平距成比例的关系内插等高点，勾绘出等高线。已知 $a$、$b$ 点平距为 35 mm，高差 $h_{ab}=48.5-43.1=5.4(\text{m})$，如勾绘等高距为 1 m 的等高线，共有 5 根线穿过 ab 段，两线间的平距 $d=6.7$ mm（由 $d:35=1:5.4$ 求得）。$a$ 点至第一根等高线的高差为0.9 m，不是 1 m，应按高差1 m 的平距 $d$ 为标准，适当缩短（将 $d$ 分为 10 份，取 9 份），目估定出 44 m 的点；同法在 $b$ 点定出 48 m 的点。然后再将首尾点间的平距 4 等份定出45 m、46 m、47 m 各点。同理，在 $bc$、$bd$、$be$ 段上定出相应的各点，如图 3-1(b)所示。最后将相邻等高的点，参照实地的地貌用圆滑的曲线徒手连接起来，就构成一簇等高线，如图 3-1(c)所示。

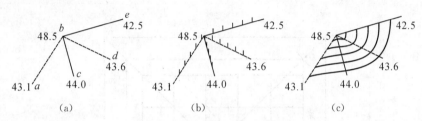

**图 3-1　目估法勾绘等高线**

（2）图解法

绘制一张等间隔若干条平行线的透明纸，蒙在勾绘等高线的图上，转动透明纸，使 $a$、$b$ 两点分别位于平行线间的 0.1 和 0.5 的位置上，如图 3-2 所示，则直线 ab 和五条平行线的交点，便是高程为 44 m、45 m、46 m、47 m 及 48 m 的等高线位置。

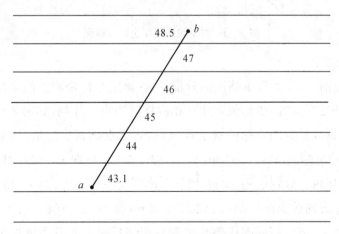

**图 3-2　图解法绘制等高线**

### 3. 测图前的准备工作

（1）绘制坐标格网

选择质量较好的图纸，用对角线法或坐标格网尺法绘制格长 10 cm 的坐标格网，并进行检查。对角线法绘制坐标方格网的具体步骤如下：

如图 3-3 所示，先用直尺在图纸上绘出两条对角线，以交点 $M$ 为圆心沿对角线量取等长线段，得 $A$、$B$、$C$、$D$ 点，用直线顺序连接 4 点，得矩形 $ABCD$。再从 $A$、$D$ 两点起各沿 $AB$、$DC$ 方向每隔 10 cm 定一点；从 $D$、$C$ 两点起各沿 $DA$、$CB$ 方向每隔 10 cm 定一点，连接矩形对边上的相应点，即得坐标格网。坐标格网绘制好后，要用直尺检查各网格的交点是否在同一直线上（如图 3-3 中的 $ab$ 直线），其偏离值不应超过 0.2 mm。用比例尺检查 10 cm 小方格网的边长，其值与 10 cm 的误差不应超过 0.2 mm；小方格网对角线长度与 14.14 cm 的误差不应超过 0.3 mm。如检查值超过限差要求，应重新绘制坐标方格网。

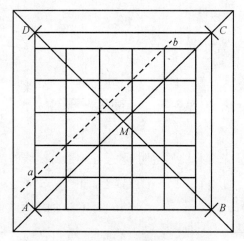

**图 3-3　对角线法绘制坐标方格网**

（2）展绘控制点

展绘控制点前，首先要按本幅图的分幅位置，确定坐标格网点的坐标值，使控制点安置在图纸上的适当位置，坐标值要注在相应格网边线的外侧，如图 3-4 所示。根据测图比例尺，依据控制点的坐标值展绘控制点，先要根据其坐标值，确定所在的方格。例如控制点 $D$ 的坐标 $x_D = 420.34$ m，$y_D = 423.43$ m。根据 $D$ 点的坐标值，可确定其位置在 $efhg$ 方格内。分别从 $ef$ 和 $gh$ 按测图比例尺各量取 20.34 m，得 $i$、$j$ 两点；然后从 $i$ 点开始沿 $ij$ 方向按测图比例尺量取 23.43 m，得 $D$ 点。同法，可将图幅内所有控制点展绘在图纸上，最后用测图比例尺量取各相邻控制点间的距离作为检核，其距离与相应的实地距离的误差不应超过图上 0.3 mm。在图纸上的控制点要注记点名和高程，一般可在控制点的右侧以分数形式注记，分子注记点名，分母注记点的高程，如图 3-4 所示。

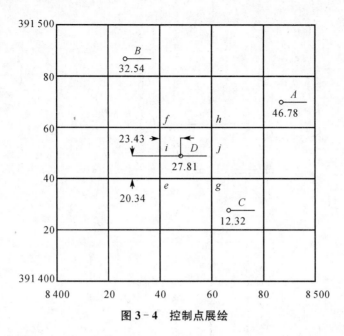

图 3 - 4　控制点展绘

## 4. 地形图测绘

测图比例尺为 1∶500(或 1∶1 000),等高距采用 1 m(或 0.5 m),平坦地区也可以采用高程注记法。白纸测图方法可选用小平板仪与经纬仪联合测图法、经纬仪测图法。

(1) 小平板仪与经纬仪联合测图法

如图 3-5 所示,首先将经纬仪安置在测站 $M$ 点附近 1~2 m 的 $M'$ 点上,将视距尺立于 $M$ 点上,使经纬仪盘左竖盘读数 $L$ 为 90°(即望远镜视线水平),瞄准视距尺读取中丝读数 $v$,量取仪器高 $i$,可计算出 $M'$ 点的高程($H_M = H_M + v - i$)。然后将小平板仪安置于 $M$ 点,用照准器瞄准 $N$ 点,以图上 $m$、$n$ 连线方向进行定向。小平板仪定向好后,再用照准器瞄准经纬仪的垂球线,在图上画出直线方向线 $mm'$,将量取的地面上 $MM'$ 的距离按比例尺展绘 $M'$ 点在图上,定出 $m'$ 点。测图时,绘图员以照准器直尺边缘切于图上 $m$ 点,瞄准立在碎部点 $P$ 的视距尺,在绘图纸上画出方向线 $mp$。同时,经纬仪观测员也瞄准 $P$ 点,用视距法测出 $M'P$ 的水平距离 $D_{MP}$ 和高差 $h_{MP}$,并报给测图员。在绘图纸上测图员以 $m'$ 为圆心,按比例尺以 $D_{MP}$ 为半径,与 $mm'$ 方向线相交得出 $P$ 点,并在其点旁注记高程。依同样方法,可测绘出 $M$ 点附近的其他碎部。在测图过程中立尺员应清楚实测范围和测区实地地形情况,选定有效立尺点,并与绘图员与观测员共同商定跑尺路线。

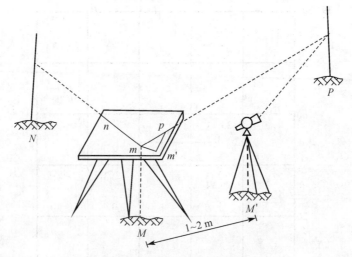

**图 3 - 5　小平板仪与经纬仪联合测图**

（2）经纬仪测图法

经纬仪测图法的实质是按极坐标定点进行测图，观测时是将经纬仪安置在测站点上，将小平板仪安置在测站旁，用经纬仪测定碎部点的方向与已知方向之间的夹角，测定出测站点至碎部点的水平距离和碎部点的高程，然后根据测定数据按极坐标法用量角器和比例尺将碎部点的平面位置展绘在图纸上，并在点的右侧注明其高程，然后对照实地描绘地形图。经纬仪测图法操作简单、灵活，不受地形限制，适用于各类地区的测图工作。具体操作方法如下：

① 安置仪器：如图 3 - 6 所示，安置经纬仪于测站点（控制点 $A$）上，量取仪器高 $i$，填入测量计算手簿中。小平板仪安置在测站点旁边适当位置处。

② 定向：盘左瞄准另一控制点 $B$ 并配置水平度盘读数为 $0°00'$。$B$ 点称为后视点（即定向点），$AB$ 方向为起始方向或零方向。起始方向的图上长度最好大于 10 cm，以保证测图精度。

③ 跑尺：在选定的碎部点（即地形特征点）上立尺的工作称为跑尺。立尺前，立尺员应熟悉测区范围和实地地形情况，有效选定立尺点，并与观测员和绘图员共同商定跑尺路线。

④ 观测：转动经纬仪照准部，瞄准立于 $P$ 点的视距尺，读取视距间隔 $l$，中丝读数 $v$，竖盘盘左读数 $L$ 及水平角 $\beta$，将观测数据计入计算手簿并进行计算。

⑤ 计算：由竖盘读数 $l$ 求出竖直角 $\alpha$，再根据观测值按照下式分别计算出控制点至碎部点的水平距离和碎部点高程 $H$：

$$D = Kl\cos\alpha$$

$$H = H_{视} + D\tan\alpha - v$$

式中：$H_{视}$ 为视线高程，$H_{视} = H_A + i$（$H_A$ 为测站点高程，$i$ 为仪器高）。

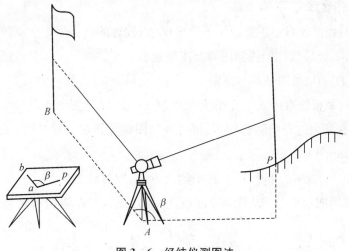

**图 3-6 经纬仪测图法**

⑥ 绘图:在图纸上由测站点 $A$ 向定向点 $B$ 作零方向线,然后将小针钉入 $A$ 点,并将量角器圆心处小孔套在小针上,使量角器能绕 $A$ 点转动如图 3-7 所示。转动量角器,使碎部点水平角值(例如: $\beta_1 = 59°15'$ )对应的量角器刻画线与图上 $AB$ 零方向线重合后,在量角器零方向线上,按照测图比例尺定出水平距离 $D(64.5\ m)$ 的碎部点位置,并在点的右侧注记高程。同法,测出测站点 $A$ 周围其余各碎部点的平面位置与高程,绘于图纸上,并随测随绘地物和等高线。

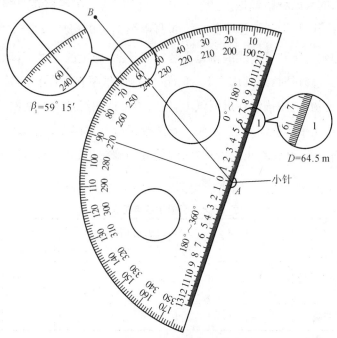

**图 3-7 使用量角器展绘碎部点示例**

### 5. 碎部测量注意事项

(1) 设站时经纬仪对中误差应小于 5 mm。以较远的点作为定向点并在测图过程中随时检查零方向,经纬仪测绘法测图时归零差应小于 $4'$。对另一图根点高程检测的较差应小于 $0.2H$($H$ 为地形图基本等高距)。

(2) 设站时平板仪对中误差应小于 $0.05M$(mm),$M$ 是测图比例尺分母。以较远点作为定向点并在测图过程中随时检核,再以其他图根点作定向检核时,该点在图上的偏差应小于 0.3 mm。

(3) 跑尺选点方法可由近及远,再由远到近,按顺时针方向行进。立尺时标尺须竖直,应注意观察周围地形情况,弄清碎部点之间的关系,所有地物和地貌的特征点都应立尺。

(4) 展绘时应按图式符号表示居民地、独立地物、管线及垣栅、境界、道路、水系、植被等各项地物和地貌要素以及各类控制点、地理名称注记等。高程注记至厘米,记在测点右边,字头朝北。所有地形地物一般应在测站上现场绘制完成,确认无误后,方可迁站。

(5) 绘图人员要注意图面正确和整洁,注记清晰,随测点,随展绘,随检查。

### 6. 地形图的拼接、检查和整饰

在大区域内测图,地形图是分幅测绘的。为了保证各相邻图幅的互相拼接,每一幅图的四边,都要测出图廓外 5 mm。测图完成后,还需要对图幅进行拼接、检查与整饰,方能获得符合要求的大区域整幅地形图。每幅图施测完后,在各相邻图幅的连接处,无论是地物或地貌,往往都不能完全吻合。相邻两幅图图边的房屋、道路、等高线等都有偏差。如果相邻图幅地物和等高线的偏差不超过表 3-8 规定的 $2\sqrt{2}$ 倍,取地物、地貌的平均位置加以修正。修正时,通常用宽 5~6 cm 的透明纸蒙在左图幅的接图边上,用铅笔将坐标格网线、地物、地貌描绘在透明纸上,然后再将透明纸按坐标格网线位置蒙在右图幅衔接边上,同样用铅笔描绘地物、地貌。若图幅拼接点位误差在限差之内,则在透明纸上用彩色笔平均配赋,并将纠正后的地物、地貌分别刺在相邻图边上,以此修正本幅图内的地物或地貌。

**表 3-8 图幅拼接点位误差**

| 地区类别 | 点位中误差（图上 mm） | 邻近地物点间距中误差（图上 mm） | 等高线高程中误差（等高距） | | | |
|---|---|---|---|---|---|---|
| | | | 平地 | 丘陵 | 山地 | 高山 |
| 山地、高山地和设站施测困难的旧街坊内部 | 0.75 | 0.6 | 1/3 | 1/2 | 2/3 | 1 |
| 城市建筑区和平地、丘陵地 | 0.5 | 0.4 | | | | |

（1）地形图的检查

地形图检查是保证测图质量的重要环节，当一幅地形图测完后，每个实习小组必须对地形图进行全面严格的检查。

① 室内检查

观测和计算手簿记载是否齐全、正确和清楚，各项限差是否符合规定；图上地物、地貌的真实性、清晰性和易读性，各种地物符号的运用、名称注记等是否正确，等高线与地貌特征点的高程是否符合，有无矛盾或可疑的地方，相邻图幅的接边有无问题等。如发现错误或疑点，应到野外进行实地检查修改。

② 室外检查

首先进行测区巡视检查，应根据室内检查的重点，按预定的巡视路线，进行实地对照查看。主要查看原图的地物、地貌有无遗漏；勾绘的等高线是否逼真合理，符号、注记是否正确等。然后进行仪器设站检查，除对在室内检查和巡视检查过程中发现的重点错误和遗漏进行补测和更正外，对一些怀疑点，地物、地貌复杂地区，图幅的四角或中心地区，也需抽样设站检查，一般为 10% 左右。

（2）地形图的整饰

当各幅原图经过拼接和检查后，还需要进行清绘和整饰，使图面更加合理、清晰、美观。整饰应遵循先图内后图外，先地物后地貌，先注记后符号的原则进行。

整饰工作顺序为：内图廓、坐标格网，控制点、地物点符号及高程注记，独立物体及各种名称、数字的标注，居民地等建筑物，各种线路、水系等，植被与地类界，等高线及各种地貌符号等。图廓外的整饰包括外图廓线、坐标格网、接图表、图名、图号、测图比例尺、平面坐标系统及高程系统、施测单位、测绘者及施测日期等。有关图上地物以及等高线的线条粗细、注记字体大小等均按《地形图图式》的规定进行绘制。

现代测绘部门大多已采用计算机绘图工序。经外业测绘的地形图，只需用铅笔完成清绘，然后用扫描仪使地形图矢量化，便可通过 Auto CAD 等绘图软件进行地形图的绘制。

### 3.3.3　数字化成图

利用全站仪能同时测定距离、角度和高差，提供待测点三维坐标，将仪器野外采集的数据，结合计算机、绘图仪以及相应绘图软件，就可以实现数字化测图。

1. 全站仪测图模式

结合不同的电子设备，全站仪数字化测图主要有如图 3-8 所示的三种模式。

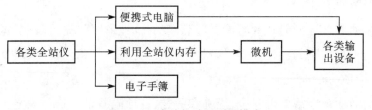

**图 3 - 8　全站仪地形测图模式**

(1) 全站仪结合电子平板模式

该模式以便携式电脑作为电子平板,通过通信线直接与全站仪通信、记录观测数据,实时成图。所以,此方法具有图形直观、准确性强、操作简单等优点,即使在地形复杂地区,也可现场测绘成图,避免野外绘制草图。目前这种模式的开发与研究相对比较完善,由于便携式电脑性能和测绘人员综合素质的不断提高,因此它符合今后数字化测图的发展趋势。

(2) 直接利用全站仪内存模式

该模式使用全站仪内存或自带记忆卡,把野外测得的数据,通过一定的编码方式,直接记录并存储,同时野外现场绘制复杂的地形草图,供室内成图时参考对照。因此,这种测图方法操作过程简单,无需附带其他电子设备;对野外观测数据直接存储,纠错能力强,可进行内业纠错处理。随着全站仪存储能力的不断增强,利用此方法进行小面积地形测量具有一定的灵活性。

(3) 全站仪附加电子手簿或高性能掌上电脑模式

该测图模式通过通信线将全站仪与电子手簿或掌上电脑相连,把测量数据记录在电子手簿或便携式电脑上,同时可以进行一些简单的属性操作,并绘制现场草图。内业绘图时把数据传输到计算机绘图软件中,进行成图处理。它携带方便,采用图形界面交互系统,可以对测量数据进行简单编辑,减少了内业工作量。随着掌上电脑处理能力的不断增强,科技人员正进行针对于全站仪的掌上电脑二次开发工作,此方法将会在数字化测图实践中进一步完善。

**2. 全站仪数字化测图过程**

全站仪数字化测图,主要分为测图准备工作、数据获取、数据输入、数据处理、数据输出五个阶段。在准备工作阶段,包括资料准备、控制测量、测图准备等,与传统地形测图一样,在此不再赘述。现以实际生产中普遍采用的全站仪附加电子手簿测图模式为例,从数据采集到成图输出介绍全站仪数字化测图的基本过程。

(1) 野外碎部点采集

一般用"解算法"进行碎部点测量数据采集,用电子手簿记录所测碎部点的三维坐标

$(x,y,h)$及其绘图信息。既要记录测站参数、距离、水平角和竖直角的碎部点位置信息，还要记录编码、点号、连接点和连接线型四种信息，在外业采集碎部点时要及时绘制现场观测草图。

（2）数据传输

用数据通信线连接电子手簿和计算机，把野外观测数据传输到计算机中，形成坐标文件。每次观测的数据要及时传输，避免数据丢失。

（3）数据处理

数据处理包括数据转换和数据计算。数据处理是对野外采集的数据进行预处理，检查可能出现的各种错误；把野外采集到的数据进行编码，使测量数据转化成绘图系统所需的编码格式。数据计算是针对地貌关系的，当测量数据输入计算机后，生成平面图形、建立图形文件、绘制等高线。

（4）图形处理与成图输出

编辑、整理经数据处理后所生成的图形数据文件，对照外业草图，修改整饰所生成的地形图，补测或重测存在漏测或测错的地方；然后加注高程、注记等，进行图幅整饰；最后成图输出。

### 3.3.4　工程放样

本项实习内容包括已知高程测设和点的平面位置测设，放样结束后应由实习指导教师检验放样成果是否合格。

#### 1. 已知高程测设

（1）目的与要求

① 了解测量基本要素放样工作的一般过程；

② 掌握建筑施工过程中高程测设的基本方法；

③ 高程测设误差小于±8 mm。

（2）仪器与工具

自动安平水准仪 1 台，水准尺 2 把，记录板 1 块，木桩和小钉若干，斧头（或锤子）1 把，测伞 1 把。自备计算器、铅笔等其他物品。

（3）方法与步骤

如图 3-9 所示，已知水准点 $A$ 的高程 $H_A$，欲在 $B$ 点测设 $B$ 桩使其高程为 $H_B$。

① 在 $A$ 点和待测点 $B$（打下一个木桩）之间安置水准仪，先在 $A$ 点竖立水准尺，用水准仪望远镜瞄准 $A$ 点水准尺，读得尺上读数 $a$，由此求得仪器高程为

$$H_i = H_A + a$$

② 要使 $B$ 桩高程为 $H_B$，则对应 $B$ 点上水准尺的读数应为 $b = H_i - H_B$。具体做法：将水准尺靠在 $B$ 桩的一侧，上下移动尺子，待尺上读数为 $b$ 时停止移动尺子，此时尺子底部的高程即为 $H_B$，然后根据尺子底部在木桩上的画线来代表 $H_B$ 的设计高程。或者也可以将木桩逐步打入土中，使竖立在木桩顶上的水准尺读数逐渐变为 $b$ 为止。

③ 测设高程时，如果木桩位置太高（或太低），无法在木桩上标定设计高程，可以在桩侧面选择和标注一个适当的整分划线，并注释下挖（或上填）数值的大小，定出设计高程。

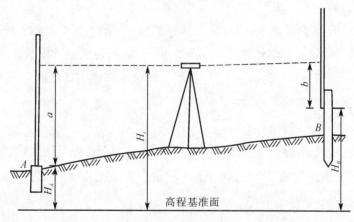

**图 3 - 9　高程测设示意图**

**2. 建筑物轴线测设**

（1）目的与要求

① 掌握建筑物轴线放样的基本方法；

② 测设精度要求相对误差小于 1/3 000。

（2）仪器与工具

DJ₆ 光学经纬仪（或全站仪）1 台，钢尺 1 把，标杆 1 只，水准尺 1 把，记录板 1 块，木桩 6 只，测钎 2 根，测伞 1 把，自备铅笔、计算器等相关用具。

（3）测设方法与步骤

① 根据控制点和放样点数据，计算出放样数据（放样角和水平距离）并画出放样略图，本教材仅介绍采用极坐标法进行平面位置的测设，根据施工现场情况还可采用直角坐标法、角度交会法或距离交会法等测设方法。

② 在较平坦的地面上选定相邻约 40～50 m 的 $A$、$B$ 两点，分别打下木桩，假定 $AB$ 连线平行于测量坐标系的横轴，$A$、$B$ 点是已知控制点，$C$、$D$、$E$、$F$ 为放样点，$A$、$B$、$C$、$D$ 坐标数据如表 3 - 9 所示。

表 3-9　放样点位数据

| 已知坐标点/m | | | 设计坐标点/m | | |
| --- | --- | --- | --- | --- | --- |
| 点号 | $x$ | $y$ | 点号 | $x$ | $y$ |
| $A$ | 100.000 | 100.000 | $C$ | 108.360 | 105.240 |
| $B$ | 100.000 | 150.000 | $D$ | 108.360 | 125.240 |

　　③ 如图 3-10 所示,安置经纬仪于 $A$ 点,盘左位置瞄准点 $B$,将水平度盘配置在 $0°$ $00'$ 位置,读取水平度盘始读数 $\alpha_左$,逆时针旋转照准部,使水平度盘读数增加放样角角值 $\alpha$ (图 3-10),用测钎标定出该方向,在该方向线上从 $A$ 点量取水平距离 $d_1$,打下木桩,再重新用经纬仪标定方向并用钢尺量距,在木桩上定出 $C$ 点。安置经纬仪于 $B$ 点,用类似方法测设 $D$ 点(不同之处在于瞄准 $A$ 点后,照准部顺时针旋转 $\beta$ 角)。

　　④ 用钢尺实地丈量 $CD$ 水平距离,其与设计距离的差值不应大于 10 mm,以此作为检核。

　　⑤ 在 $C$ 点设站,测设直角,在直角方向上测设 15 m,得到 $F$ 点,用钢尺往返丈量 $DF$,与设计值的相对误差小于 1/3 000。同理,在 $D$ 点设站,可得点 $E$。

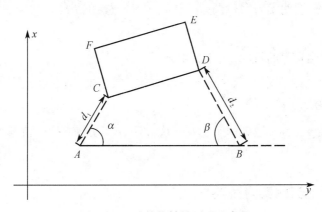

图 3-10　建筑物轴线测设示意图

## 3.4　实习成果的整理与提交

### 3.4.1　实习成果整理及实习报告撰写

#### 1. 实习成果整理

在实习过程中,所有外业观测数据必须记录在相应的测量手簿上,如遇记错、测错或超限应按照《工程测量规范》中规定的方法进行改正;内业计算应在规定的专用表格上进行。实习结束时应对实习成果资料进行编号整理。

#### 2. 实习报告撰写

实习报告是对整个实习过程的总结,编写格式和内容如下:

(1) 报告封面:注明实习名称、起止时间、实习地点、班级、组别、报告撰写人及指导教师姓名;

(2) 前言:说明实习的目的、任务及要求;

(3) 实习内容:实习项目、测区概况、作业方法,技术要求,计算成果及示意图,本人完成的工作及成果质量;

(4) 实习体会:实习中遇到的问题及解决方法,对本次实习意义的认识和心得体会以及建议。

### 3.4.2　需要上交的实习资料

实习结束应上交的有关资料与成果如下:

(1) 实习小组应上交的资料

① 观测记录手簿(包括水平角观测、竖直角观测和距离测量、水准测量观测手簿);

② 图根控制测量计算资料(包括平面控制测量和高程控制测量计算成果);

③ 纸质地形图一份。

(2) 个人应上交的资料

实习报告一份。

### 3.4.3　实习考核及成绩评定方法

（1）实习成绩分为优、良、中、及格、不及格五个等级。

（2）实习成绩评定主要依据：

① 实习期间的表现，主要包括出勤率、实习态度、团结协作和遵守纪律情况、爱护仪器工具等情况。

② 操作技能，主要包括对理论知识的掌握及实践应用程度、各种仪器的操作规程和使用熟练程度、作业程序是否符合规范要求等。

③ 观测手簿、计算成果和成图质量，主要包括观测手簿和各种计算表格是否完好无损，书写是否工整清晰，手簿有无擦拭、涂改，数据计算是否正确，各项限差、较差、闭合差是否在规范规定的范围内。地形图上各类地物、地形要素的精度及符号表示是否符合要求，文字说明注记是否规范等。

④ 实习报告，主要包括实习报告的编写格式和内容是否符合要求，分析问题、解决问题的能力及实习体会有无独特见解等。

（3）在实习期间，学生如有下列情况，指导教师可视情节严重程度予以处理。

① 实习中无论何种原因发生仪器损坏事故，其主要责任人应按照学校相关赔偿制度赔偿损失。

② 实习中凡违反实习纪律、无故缺勤天数超过实习天数的 1/3、未经指导教师批准私自离校、未上交实习成果资料和实习报告、抄袭成果资料和实习报告等，实习成绩均为不及格。

（4）实习结束时，实习指导教师可采用口试、笔试或仪器操作考核等方式进行成绩评定。

# 附录9　CASS 9.0数字化成图基本操作流程

　　CASS9.0是南方测绘仪器公司研究开发的一套地形绘图软件,相对于以前的各版本,其在平台、基本绘图功能上作了进一步升级。本附录重点介绍如何应用CASS9.0软件进行数字化成图。

## 附9.1　CASS 9.0绘制地形图的基本流程

　　CASS绘制地形图的流程,分为四个步骤:

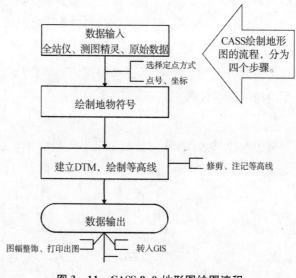

**图3-11　CASS 9.0地形图绘图流程**

　　1）数据输入

　　数据进入CASS都要通过"数据"菜单。将全站仪与电脑连接后,选择数据读取方式,如图3-12、图3-13所示,一般是读取全站仪数据:

　　·选择"读取全站仪数据";

　　·选择正确的仪器类型;

　　·选择"CASS坐标文件",输入文件名;

　　·点击"转换",即可将全站仪里的数据转换成标准的CASS坐标数据。

　　注:如果仪器类型里无所需型号或无法通讯,可先用该仪器自带的传输软件将数据

下载。将"联机"去掉,在"通讯临时文件"选择下载的数据文件,"CASS坐标文件"输入文件名。点击"转换",也可以完成数据的转换。

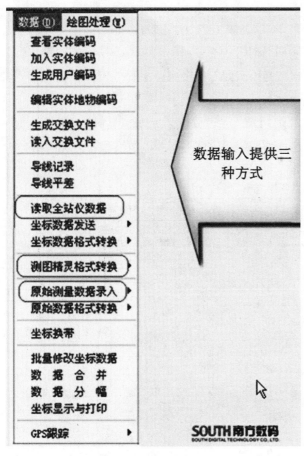

图3-12  数据输入方式

图3-13  全站仪数据读取

2)绘制地物符号(平面图)

· 展野外测点点号;

· 选择"点号定位";

· 在右侧屏幕菜单中选择符号进行绘制。

3)绘制等高线

· 建立DTM模型;

· 编辑修改DTM;

· 绘制等高线;

· 编辑、修改注记等高线。

注：DTM（数字地面模型）是按照一定结构组织在一起的数据组，它代表着地形特征的空间分布。

4）图形数据输出

地形图绘制完毕，可以多种方式输出：

·打印输出：图幅整饰-连接输出设备-输出；

·转入 GIS：输出 Arcinfo、Mapinfo、国家空间矢量格式；

·其他交换格式：生成 CASS 交换文件。

下面以一个简单的例子来演示成图过程（假设安装在 C 盘，其所在路径为 C：/CASS9.0/demo/study.dwg），如图 3 - 14 所示。用 CASS9.0 成图的作业模式有多种方式，这里主要使用"点号定位"方式。

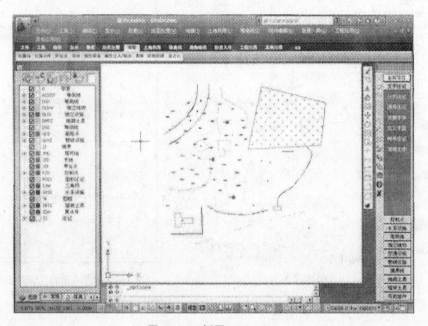

图 3 - 14　例图 study，dwg

## 附 9.2　定显示区

定显示区就是通过坐标数据文件中的最大、最小坐标定出屏幕窗口的显示范围。

进入 CASS 9.0 主界面，鼠标单击"绘图处理"项，即出现如图 3 - 15 下拉菜单。然后移至"定显示区"项，使之以高亮显示，按左键，即出现一个对话窗，如图 3 - 16 所示，这时，需要输入坐标数据文件名。可参考 WINDOWS 选择打开文件的方法操作，也可直接通过键盘输入，在"文件名（N）："（即光标闪烁处）输入 C：\CASS 9.0\DEMO\STUDY.DAY，再移动鼠标至"打开（O）"处，按左键。这时，命令区显示：

最小坐标(米):X＝31 056.221,Y＝53 097.691

最大坐标(米):X＝31 237.455,Y＝53 286.090

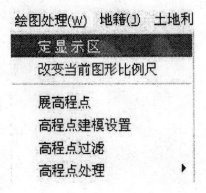

**图3-15　"定显示区"菜单**

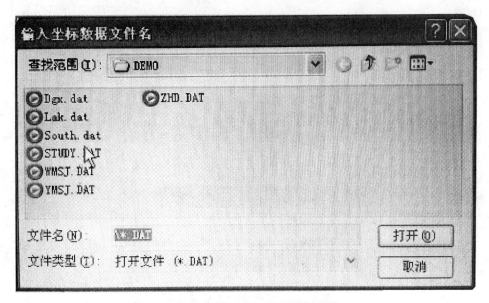

**图3-16　选择"定显示区"数据文件**

## 附9.3　选择测点点号定位成图法

移动鼠标至屏幕右侧菜单区之"测点点号"项,按左键,即出现图3-17所示的对话框。

输入点号坐标数据文件名C:\CASS 9.0\DEMO\STUDY.DAT后,命令区提示:

读点完成! 共读入 106 个点

图 3 - 17　选择"点号定位"数据文件

## 附 9.4　展点

先移动鼠标至屏幕的顶部菜单"绘图处理"项按左键,这时系统弹出一个下拉菜单。再移动鼠标选择"绘图处理"下的"展野外测点点号"项,按左键后,便出现如图 3 - 18 所示的对话框。

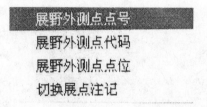

图 3 - 18　选择"展野外测点点号"

输入对应的坐标数据文件名 C:\CASS 9.0\DEMO\STUDY.DAT 后,便可在屏幕上展出野外测点的点号,如图 3 - 19 所示。

## 附 9.5　绘平面图

下面可以灵活使用工具栏中的缩放工具进行局部放大,以方便编图(工具栏的使用方法详见《参考手册》第一章)。我们先把左上角放大,选择右侧屏幕菜单的"交通设施/城际公路"按钮,弹出如图 3 - 20 所示的界面。

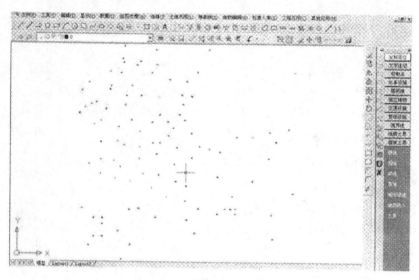

**图 3 - 19　STUDY. DAT 展点图**

**图 3 - 20　选择屏幕菜单"交通设施/城际公路"**

找到"平行高速公路"并选中,再点击"OK",命令区提示:

绘图比例尺 1:输入 500,回车。

点 P/〈点号〉输入 92,回车。

点 P/〈点号〉输入 45,回车。

点 P/〈点号〉输入 46,回车。

点 P/〈点号〉输入 13,回车。

点 P/〈点号〉输入 47,回车。

点 P/〈点号〉输入 48,回车。

点 P/〈点号〉回车

拟合线〈N〉? 输入 Y,回车。

说明:输入 Y,将该边拟合成光滑曲线;输入 N(缺省为 N),则不拟合该线。

1. 边点式/2. 边宽式〈1〉:回车(默认 1)

说明:选 1(缺省为 1),将要求输入公路对边上的一个测点;选 2,要求输入公路宽度。

对面一点

点 P/〈点号〉输入 19,回车。

这时平行高速公路就作好了,如图 3-21 所示。

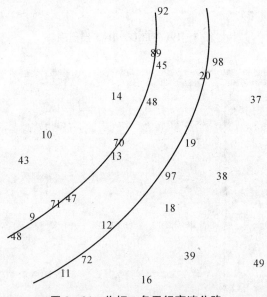

图 3-21　作好一条平行高速公路

　　下面作一个多点房屋。选择右侧屏幕菜单的"居民地/一般房屋"选项,弹出如图 3-22 所示的界面。先用鼠标左键选择"多点砼房屋",再点击"OK"按钮。命令区提示:

第一点:

点 P/〈点号〉输入 49,回车。

指定点:

点 P/〈点号〉输入 50,回车。

闭合 C/隔一闭合 G/隔一点 J/微导线 A/曲线 Q/边长交会 B/回退 U/点 P/〈点号〉输入 51,回车。

闭合 C/隔一闭合 G/隔一点 J/微导线 A/曲线 Q/边长交会 B/回退 U/点 P/〈点号〉

输入 J,回车。

点 P/〈点号〉输入 52,回车。

闭合 C/隔一闭合 G/隔一点 J/微导线 A/曲线 Q/边长交会 B/回退 U/点 P/〈点号〉输入 53,回车。

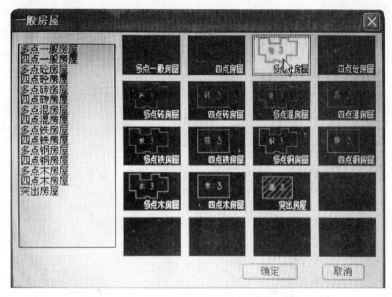

**图 3-22　选择屏幕菜单"居民地/一般房屋"**

闭合 C/隔一闭合 G/隔一点 J/微导线 A/曲线 Q/边长交会 B/回退 U/点 P/〈点号〉输入 C,回车。

输入层数:〈1〉回车(默认输 1 层)。

说明:选择多点砼房屋后自动读取地物编码,用户不须逐个记忆。从第三点起弹出许多选项(具体操作见《参考手册》第一章关于屏幕菜单的介绍),这里以"隔一点"功能为例,输入 J,输入一点后系统自动算出一点,使该点与前一点及输入点的连线构成直角。输入 C 时,表示闭合。

再作一个多点砼房,熟悉一下操作过程。命令区提示:

Command:dd

输入地物编码:〈141111〉141111

第一点:点 P/〈点号〉输入 60,回车。

指定点:

点 P/〈点号〉输入 61,回车。

闭合 C/隔一闭合 G/隔一点 J/微导线 A/曲线 Q/边长交会 B/回退 U/点 P/〈点号〉输入 62,回车。

　　闭合 C/隔一闭合 G/隔一点 J/微导线 A/曲线 Q/边长交会 B/回退 U/点 P/〈点号〉输入 a,回车。

　　微导线-键盘输入角度(K)/〈指定方向点(只确定平行和垂直方向)〉用鼠标左键在 62 点上侧一定距离处点一下。

　　距离〈m〉:输入 4.5,回车。

　　闭合 C/隔一闭合 G/隔一点 J/微导线 A/曲线 Q/边长交会 B/回退 U/点 P/〈点号〉输入 63,回车。

　　闭合 C/隔一闭合 G/隔一点 J/微导线 A/曲线 Q/边长交会 B/回退 U/点 P/〈点号〉输入 J,回车。

　　点 P/〈点号〉输入 64,回车。

　　闭合 C/隔一闭合 G/隔一点 J/微导线 A/曲线 Q/边长交会 B/回退 U/点 P/〈点号〉输入 65,回车。

　　闭合 C/隔一闭合 G/隔一点 J/微导线 A/曲线 Q/边长交会 B/回退 U/点 P/〈点号〉输入 C,回车。

　　输入层数:〈1〉输入 2,回车。

　　说明:"微导线"功能由用户输入当前点至下一点的左角(度)和距离(米),输入后软件将计算出该点并连线。要求输入角度时若输入 K,则可直接输入左向转角,若直接用鼠标点击,只可确定垂直和平行方向。此功能特别适合知道角度和距离但看不到点的位置的情况,如房角点被树或路灯等障碍物遮挡时。

　　两栋房子和平行等外公路"建"好后,效果如图 3-23 所示。

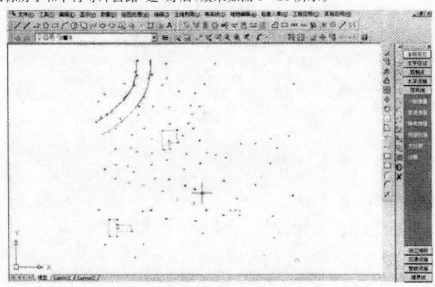

图 3-23　"建"好两栋房子和平行等外公路

类似以上操作,分别利用右侧屏幕菜单绘制其他地物。

在"居民地"菜单中,用 3、39、16 三点完成利用三点绘制 2 层砖结构的四点房;用 68、67、66 绘制不拟合的依比例围墙;用 76、77、78 绘制四点棚房。

在"交通设施"菜单中,用 86、87、88、89、90、91 绘制拟合的小路;用 103、104、105、106 绘制拟合的不依比例乡村路。

在"地貌土质"菜单中,用 54、55、56、57 绘制拟合的坎高为 1 米的陡坎;用 93、94、95、96 绘制不拟合的坎高为 1 米的加固陡坎。

在"独立地物"菜单中,用 69、70、71、72、97、98 分别绘制路灯;用 73、74 绘制宜传橱窗;用 59 绘制不依比例肥气池。

在"水系设施"菜单中,用 79 绘制水井。

在"管线设施"菜单中,用 75、83、84、85 绘制地面上输入电线。

在"植被园林"菜单中,用 99、100、101、102 分别绘制果树独立树;用 58、80、81、82 绘制菜地(第 82 号点之后仍要求输入点号时直接回车),要求边界不拟合,并且保留边界。

在"控制点"菜单中,用 1、2、4 分别生成埋石图根点,在提问点名、等级:时分别输入 D121、D123、D135。

最后选取"编辑"菜单下的"删除"二级菜单下的"删除实体所在图层",鼠标符号变成了一个小方框,用左键点取任何一个点号的数字注记,所展点的注记将被删除。

平面图作好后效果如图 3-24 所示。

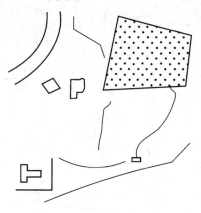

图 3-24 STUDY 的平面图

## 附 9.6 绘等高线

展高程点:用鼠标左键点取"绘图处理"菜单下的"展高程点",将会弹出数据文件的对话框,找到 C:\CASS 9.0\DEMO\STUDY.DAY,选择"确定",命令区提示:注记高程点的距离(米):直接回车,表示不对高程点注记进行取舍,全部展出来。

　　建立 DTM 模型:用鼠标左键点取"等高线"菜单下"建立 DTM",弹出如图 3-25 所示对话框。

图 3-25　建立 DTM 对话框

　　根据需要选择建立 DTM 的方式和坐标数据文件名,然后选择建模过程是否考虑陡坎和地性线,选择"确定",生成如图 3-26 所示 DTM 模型。

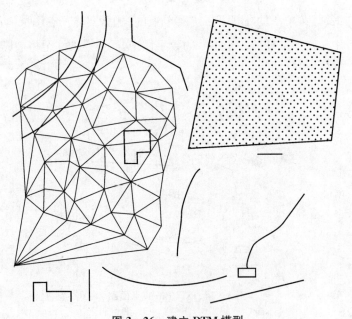

图 3-26　建立 DTM 模型

　　绘等高线:用鼠标左键点取"等高线/绘制等高线",弹出如图 3-27 所示对话框。

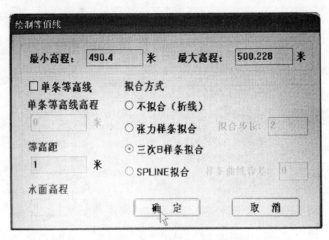

**图3-27 "绘制等高线"对话框**

输入等高距后选择拟合方式后"确定",则系统马上绘制出等高线。再选择"等高线"菜单下的"删三角网",这时屏幕显示如图3-28所示。

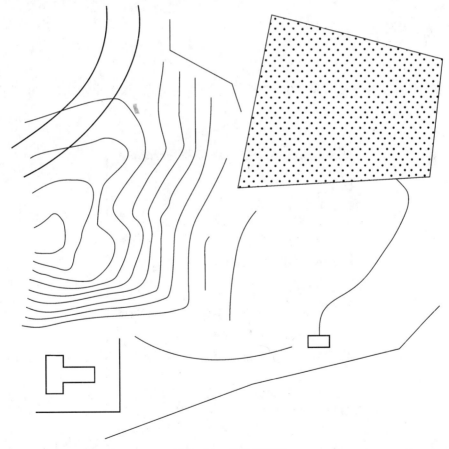

**图3-28 绘制等高线**

等高线的修剪:利用"等高线"菜单下的"等高线修剪"二级菜单,如图 3－29 所示。

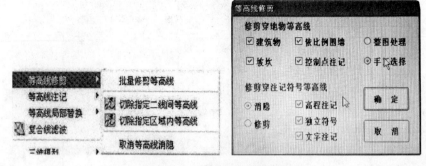

图 3－29　"等高线修剪"菜单

用鼠标左键点取"批量修剪等高线",选择"建筑物",软件将自动搜寻穿过建筑物的等高线并将其进行整饰。点取"切除指定二线间等高线",依提示依次用鼠标左健选取左上角的道路两边,CASS 9.0 将自动切除等高线穿过道路的部分。点取"切除穿高程注记等高线",CASS 9.0 将自动搜寻,把等高线穿过注记的部分切除。

### 附 9.7　加注记

下面我们演示在平行等外公路上加"经纬路"三个字。

用鼠标左键点取右侧屏幕菜单的"文字注记-通用注记"项,弹出如图 3－30 所示的界面。

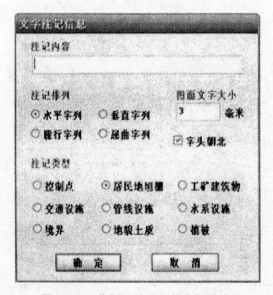

图 3－30　弹出"文字注记信息"对话框

首先在需要添加文字注记的位置绘制一条拟合的多功能复合线,然后在注记内容中输入"经纬路"并选择注记排列和注记类型,输入文字大小确定后选择绘制的拟合的多功能复合线即可完成注记。

经过以上各步,生成的图如图 3-14 所示。

### 附9.8 加图框

用鼠标左键点击"绘图处理"菜单下的"标准图幅(50×40)",弹出如图 3-31 所示的界面。

**图 3-31 输入图幅信息**

在"图名"栏里,输入"建设新村";在"左下角坐标"的"东""北"栏内分别输入"53073""31050";在"删除图框外实体"栏前打勾,然后按确认。这样这幅图就作好了,如图 3-32 所示。注:2007 版新图式,图框外已无"测量员、绘图员"信息。右下角只有"批注"。

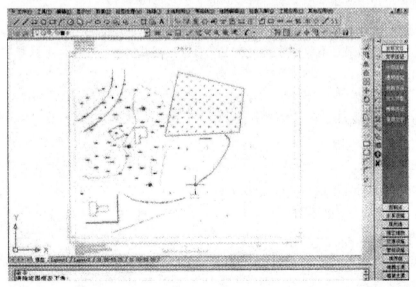

**图 3-32 加图框**

另外,可以将图框左下角的图幅信息更改成符合需要的字样,如可以将图框和图章用户化,具体参见《参考手册》第五章。

### 附 9.9　绘图输出

用鼠标左键点取"文件"菜单下的"用绘图仪或打印机出图",如图 3-33 所示。绘图仪或打印机的配置方法见《参考手册》第四章的介绍。

图 3-33　用绘图仪出图

选好图纸尺寸、图纸方向之后,用鼠标左键点击"窗选"按钮,用鼠标圈定绘图范围。将"打印比例"一项选为"2∶1"(表示满足 1∶500 比例尺的打印要求),通过"部分预览"和"全部预览"可以查看出图效果,满意后就可单击"确定"按钮进行绘图了。

在操作过程中要注意以下事项:

千万别忘了存盘(其实在操作过程中也要不断地进行存盘,以防操作不慎导致丢失)。正式工作时,最好不要把数据文件或图形保存在 CASS 9.0 或其子目录下,应该创建工作目录。比如在 C 盘根目录下创建 DATA 目录存放数据文件,在 C 盘根目录下创建 DWG 目录存放图形文件。

在执行各项命令时,每一步都要注意看下面命令区的提示,当出现"命令:"提示时,要求输入新的命令,出现"选择对象:"提示时,要求选择对象;等等。当一个命令没执行完时最好不要执行另一个命令,若要强行终止,可按键盘左上角的"Esc"键或按"Ctrl"的同时按下"C"键,直到出现"命令:"提示为止。

在作图过程中,要常常用到一些编辑功能,例如删除、移动、复制、回退等,具体操作见《参考手册》第一章。

有些命令有多种执行途径,可根据自己的喜好灵活选用快捷工具按钮、下拉菜单或在命令行输入命令。

# 附录 10　SV300 数字化成图基本操作流程

## 附 10.1　外业必要的工作

### 1）现场绘制草图

野外数据的采集,不仅要获取地面点的三维解析坐标(几何数据),还要作地物图形关系的记录(属性数据),如何协调好两者的关系是本方法的关键。

针对一般高校的测量实习条件,草图法是较佳选择。它是利用经纬仪按视距测量方法采集并记录观测数据或坐标,同时勾绘现场地物属性关系草图;回到室内,建立相应数据文件,并由计算机成图。

草图法是一种十分实用、快速的测图方法,但缺点是不直观,容易出错,当草图有错误时,还需要到实地查错。因此,本书前面介绍的白纸地形图测图可以作为另类草图使用(相对于本教学实习目的)。

传统白纸测图或现代电子平板测图,图形在野外实时可见,便于发现错误,而草图法数据实时记录,图形不可见,所以必须检核,以防出错。外业返工,可以采取下述方法:

① 后视点,计算其坐标,与已知坐标核对是否相符,不相符,则说明测站后视数据有错误;或者测站后视点点位有错误。

② 开始测量之前,找一固定目标(如楼角、远处电杆等),记下水平角值,分若干时间段重新瞄准该目标,核对水平角值是否与记录值相符,不相符,则说明前段数据方位有错误;记录下本时段号(内业处理通过"两点定向"可一次改正),重新定向,继续观测。

### 2）草图绘制注意事项

① 草图纸应有固定格式,不应该随便画在几张纸上。

② 每张草图纸应包含日期、测站、后视零方向、测量员、绘图员信息;当遇到搬站时,尽量换张草图纸,不方便时,应记录本草图纸内哪些点隶属哪个测站,一定标示清楚。

③ 草图绘制,不要试图在一张纸上画足够多的内容,地物密集或复杂地物均可单独绘制一张草图,既清楚又简单。

④ 核对点号。领图员与观测员一定间隔时间(如每测 20 点),应互相核对点号,这样当发现点号不对应时,就可以有效地将错误控制在最近间隔时间内;以便及时更正,防止内业出错。

⑤ 草图配合实际测量数据,结合外业测量的速度,可以分批在计算机上处理,最后把

建立的数据文件或图形进行合并及拼接即可。

### 附 10.1.2　内业测点空间数据文件建立方法

1）按极坐标采集的外业观测值转换为直角坐标数据

通常 SV300 是按直角坐标格式即 $X$、$Y$、$Z$ 导入到图形中的。而外业由视距测量观测得到数据，并按相应视距公式求得测站上各点坐标为极坐标形式，即 $\rho(D,\alpha_0+\beta)$。为了满足 SV300 作图的需要，需再按下式把各测点转成直角坐标格式。

$$X=X_0+D \cdot \cos(\alpha_0+\beta)$$
$$Y=Y_0+D \cdot \sin(\alpha_0+\beta)$$

式中：$X_0$、$Y_0$ 为测站点坐标；$\alpha_0$ 为测站点到对应瞄准的零方向线点的坐标方位角。

如果数据量大，也可以编程计算或在 EXCEL 建立上述公式直接转换。

2）数据文件的建立

内业转换得到的直角坐标格式数据表格可按文本方式保存。

空间坐标数据文件可预先按 SV 坐标格式建立；这种坐标文件，可以用来进行展点、生成等高线等操作。

由于 SV300 系统中测量坐标与屏幕坐标是对应的，但 AutoCAD 的坐标系（数学坐标系）与测量坐标系的 $X$、$Y$ 轴正好相反，所以输入点的空间测量坐标值时，要先 $Y$ 后 $X$。

则数据文件结构如下：

序号　　　点号　　　标志符　　$Y$　　$X$　　$H$

或

序号，点号，标志符，$Y$，$X$，$H$

其中序号可以自动生成，点号可按本组习惯的方式编，如按测站索引方式等，标志符对 SV 后缀文件可取常数，例：

| 1 | al | 0 | 302 143.67 | 4 305 423.22 | 15.43 |
| 2 | b12 | 0 | 302 268.92 | 4 305 476.10 | 22.79 |

…

3）客户机进入 SV300 界面

首先要使客户机在服务器上注册，确认服务器程序启动；双击桌面图标■即"SV300 客户端"，启动 SV300，经过 30 s 到 1 min 的启动，出现提示界面，如图 3-34 所示，便成功登录 SV300。

随后进入 SV300 界面，如是首次新建的文件，一定要启动模板 Acad. dwt（Use a

Template),如图 3-35。

4）设定绘图比例

建立文件后,首先要确定当前工作比例尺,保证下面工作的正确进行。

输出成果:在图形内部进行变量设置,对用户无明显表现形式。

本次实习所有图都应设定 1∶500。

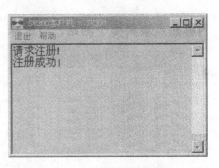

图 3-34　提示界面截图

注意:系统安装完毕,缺省比例尺 1∶1 000;若设定某比例尺,如 500,并保存为图形文件,则下次设定比例尺,缺省值变为 500,所以每当新作一张图时,请确认比例尺设置正确,以免引起错误,比例设大了,还可以利用"比例转换"调整过来,若设小了,则无法调整了。

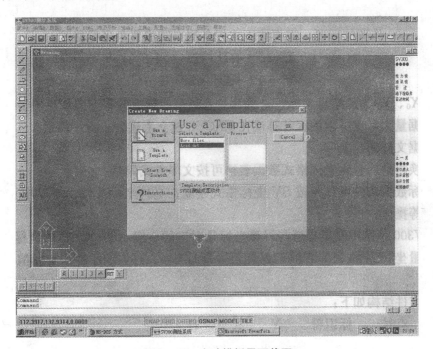

图 3-35　启动模板界面截图

5）展绘测点

利用"数据下载"得到 SV 坐标文件,便可在图形上展出点位、点名、代码、高程等,以便连线成图时作为参考,即将前面建立的数据坐标文件* .sv,以点位形式展绘于屏幕,并存储为多层要素(point、pointname、pointcode)的图形文件,以此用来辅助编辑图形。一般在最后出图时可将相关层(point、pointname、pointcode)删除或冻结。

展点工作有两种方法,一种直接点取下拉菜单功能进行;一种在空间点位数据窗口进行。两者实质相同,均进入数据库。

点位坐标数据均进入空间点位数据库,还为了便于点名定位;如果清空数据库后,点名定位则失效。

不同工作日或测站的数据,可能会出现点名重复现象,可以加前缀以示区别。

下面就具体的几个要点说明如下:

① 点取"地形"下"展点",先弹出空间点位数据窗口,然后弹出标题栏为"打开点位数据文件"的对话框。

② 要求输入 SV 坐标文件。

③ 输入对应文件后,则系统自动将点名、点位、代码展绘在相应图层中,并显示出空间点位数据窗口;默认显示出点名和点位,根据作图需要,可以使用下拉菜单"地形"下"显示"命令,显示所展绘点的点名、点位或代码,也可以使用下拉菜单"地形"下"隐藏"命令隐藏暂不需要的内容。

④ 若屏幕内无图形显示时,可点取右侧屏幕菜单"显示全图",以便全图在屏幕内显示。

6) 连线成图

依据领图员勾绘的草图,利用屏幕定位、坐标定位、点名定位三种方式及 CAD 的捕捉能直接连线成图。

输出成果:图形文件(包含各种地物图形信息)。

参考功能:主要"符号库"功能;相关编辑工具。

7) 等高线处理

等高线是地形图的重要组成部分,SV300 可依据外业原始数据文件自动勾绘等高线,并利用断开工具自动或手动进行地物断开。

等高线生成的流程图如图 3-36 所示。

具体如下:

① 外业采集的方法

对于 DTM(数字地面模型)生成所需数据——外业采集高程离散点,即三维坐标数据;SV300 系统并无特殊要求,只要足够的特征点即可。

但对于要求绘出的斜坡或者陡坎,则需要记录下坡坎的连接关系,即哪一个点和哪些点有联系,坡顶、坡底、比高要记录清楚,否则很难绘制出符合要求的地形图。

对于某一类离散点,由于若干原因不参加构网的(例如房屋的角点,加高降低的地物点位等),尽可能在外业时设置该类型点的代码,以便在构网时将此类型点屏蔽掉。

② DTM 数据文件的建立

绘制等高线所用的原始数据文件是 *. dat 为后缀的,也属文本文件,称高程离散点文件,又称 SV 坐标文件,可以用记事本程序将其打开进行编辑。在"数据检查""展高程点""提取封闭区高程点"等操作时系统所指的均是这种文件。该文件的排列格式与"展点"

"数据合并与分割""数据导出——SV 坐标文件"除了"标志符"意义不同外,基本一致,数据格式如下所示:

$$序号、点号、标志符、Y、X、H$$

标志符在这里有特定意义,即哪些点参加 DTM 建模,或作为勾绘等高线的点,可以事先设定某些代码为参加 DTM 建模的点,如 1、T、S1 等,而没有指定的标志符则为非 DTM 建模点。例如:

1　a1　1　302 143.67　4 305 423.22　15.43

1　b12　0　302 132.71　4 305 325.68　22.62

……

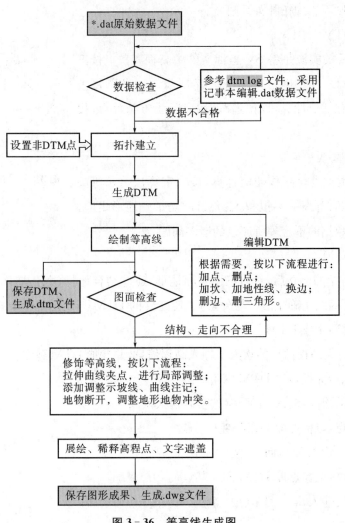

图 3-36　等高线生成图

本次实习设定标志符 1 为参加 DTM 建模的点。

③ DTM 生成的基本流程

a. 数据检查

SV 坐标文件的数据检查是指计算机自动对原始坐标数据文件的格式,例如是否有重名点,是否有重坐标点等进行核查,以便保证该模块的正确运行。对于手工输入或进行过较大修改的坐标数据文件,此项功能尤为重要。

b. 拓扑建立

建立拓扑关系,是指建立若干离散碎部点之间的拓扑关系。建立拓扑关系后,才可以对 DTM 网进行联动修改,即当修改(加点、删点等)DTM 网时,系统会对 DTM 网进行重新计算组网。另外,在进行建立拓扑关系前应设置"非 DTM 点",此处设置代码后,具有该代码的点则不参加拓扑关系建立。

c. 生成 DTM

生成 DTM 的实质是将 SV 坐标文件中高程离散点按三角网法连成三维三角形网络,如图 3 - 37 所示,在 DTM 网上便可以进行高程插值计算,以便追踪等高线、土方量计算、提取断面等操作。

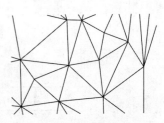

d. 初绘等高线

由 DTM 网上进行高程插值计算,按一定算法追踪等高线。一般的,此时等高线不拟和,主要目的是了解地形走向,找出由于原始数据的不合理所产生的诸多问题。

图 3 - 37　DTM 网示意图

e. 编辑 DTM

DTM 是三角网建立后,然后根据实际地形,还应结合地物(尤其坡坎),对三角网进行修改,以便等高线正确生成。另外,为了使建立的 DTM 与实际地形更接近,在完成如下工作后,要重新生成 DTM。

• 加坎,将无高程信息的坎人工加入高程信息,并参加 DTM 建立。

输入第一点:捕捉点取 DTM 网上某点

输入该点的坎高:输入 5,回车(按实际输入坎高)

输入下一点:鼠标点取 DTM 网上某点

坎高⟨5.0⟩:输入 5.4,回车(按实际输入坎高)

输入下一点:鼠标点取 DTM 网上某点

坎高⟨5.0⟩:输入 5.5,回车(按实际输入坎高)

……

依次点取坎上各点,命令结束,黄线范围即为坎的有效区,绘等高线时,坎的中间会自动断开。

- 换边:将相邻三角形的公共边删除,连接另两个对角点。

选择要交换的边:选择需要转换的公共边。

Select objects:1 found 表明选中一个实体。

Select objects:回车。

说明:对于 DTM 网的边界,SV300 系统不予确认。

- 删地性线:删除利用"加地性线"功能加入的地性线。

选择要删除的地性性:选择需要删除的地性线(黄线)。

Select objects:1 found 表明选中一个实体。

Select objects:回车。

- 删三角形:对于删除的三角形,等值线在绘制时,不进入该三角形。

输入三角形内部一点:鼠标点取需要删除三角形内部任意点。

输入三角形内部一点:鼠标点取需要删除三角形内部任意点。

……

说明:建议关掉捕捉。

- 删边:对于删除了边的三角形,等值线在绘制时,不进入该三角形。

选择要删除的边:选择需要删除的边。

Select objects:1 found 表明选中一个实体。

Select objects:回车。

说明:一般的删掉一条边相当于删掉该边相邻的两个三角形,因此删边操作实际上可以理解为批量删除三角形。另外,删边操作允许同时选择若干条边,可以利用 Fance 选择及删除一条带状的三角形,或利用 Crossing 删除某一区域的三角形。

- 重绘等高线

利用"图层删除"功能删除初绘等高线,在修改过的 DTM 网上重新绘制等高线,视情况选择合理的拟合方法和拟合曲线。

重复删三角形、删边和重绘等高线,直至等高线符合实际地形。

- 图形整饰

拉伸局部不合理的等高线;处理等高线与地物相交问题;示坡线及计曲线标注。展绘、稀释高程点、文字遮盖。

④ 地物断开

SV300 为解决等高线同地物间的冲突问题,考虑到图形的应用以及实用性的问题,采用了断开技术，即等高线遇地物则自动断开。

具体操作是，单击"DTM"菜单中的"地物断开"选项，将弹出如图 3－38 所示的对话框。

说明：一般对于房屋、文字注记类，采用自动选择比较好，而对于坡坎、双线地物则手工选择较好。对于单线地物，则只能采用手工选择方式，且每次应选择相互对应的两根曲线，比如路的两侧、河流的两侧等。另外，由于单线地物的绘制方式差异比较大，因此结合 Auto CAD 的 Break、Trim 命令效果将更好一点。

**图 3－38　"地物断开"截图**

⑤ 展离散高程点

处理好等高线及其与地物件的关系后，接下来要处理离散高程点。首先，执行展点操作：单击"图形"菜单中的"展高程"选项，输入相应的原始数据文件后，系统将执行展高程点操作（若点位较多，需稍等片刻）。

注意：展绘的高程点等某些特性是可以进行配置的，比如数字注记的小数位数、注记字高等。我们可以在展点前执行菜单"配置——高程注记"命令，在对话框中设置好相应参数即可。

8）整饰图形

工作内容：对已有图形进行细节上的编辑修改，例如文字遮盖、文字注记位置的调整等。

输出成果：图形文件（包含地形、地物各种规范的图形信息）。

参考功能：相关编辑工具。

9）图形分幅

工作内容：对于单张图幅的文件，直接手动加图廓即可；对于区域较大的图形文件，首先对已有自然地块的图形文件进行拼接，然后进行自动分幅（包括自动裁图、加图廓）。

主要分幅功能："图幅网格、删除网格、自动图廓、手动图廓"，而本次实习采用手动图廓（大比例），即在当前使用的文件中或点取"文件"中"打开"项打开文件，步骤如下：

① 点取"配置"中"SV300 环境"；

② 点取"图幅管理"中的"手动图廓"；

③ 弹出一界面，依次输入各项内容；

④ 点取"确认"。

根据左下角屏幕坐标输入提示，直接输入坐标，（应先输 $Y$，再输 $X$）；若事先此点已展绘于屏幕之上，则直接捕捉本点也可以。

注意事项如下：

① 输入所需图廓尺寸,$x$、$y$ 方向均取 500 mm。

② 要选择绘十字丝,使添加的图廓内是加注十字丝。

③ 西南角坐标应是整数,最好是本测区的西南角边界坐标。

④ 输入左图章,即图框左下角注记内容,包括××城建坐标、85 黄海高程、96 版图示。

⑤ 输入右图章,即图框右下角注记内容,包括测量员、绘图员、检查员。

⑥ 输入测图单位,写××大学××学院××级××班××组。

⑦ 要以测区中心主要建筑为名输入图名,如"××地形图"。

10) 输出管理

工作内容:将所需的图形文件利用绘图机或打印机输出。

输出成果:薄膜图或纸图。

参考功能:"打印"功能。

# 附录 11　测量常用计量单位及其换算

## 附 11.1　长度单位

我国测量工作中法定的长度计量单位为米(meter)制单位:

$$1 \text{ m(米)} = 10 \text{ dm(分米)} = 100 \text{ cm(厘米)} = 1\,000 \text{ mm(毫米)}$$

$$1 \text{ km(千米或公里)} = 1\,000 \text{ m(米)}$$

在外文测量书籍及参考文献中,还会用到英、美制的长度计量单位,它与米制的换算关系如下:

$$1 \text{ in(英寸)} = 2.54 \text{ cm}$$

$$1 \text{ ft(英尺)} = 12 \text{ in} = 0.304\,8 \text{ m}$$

$$1 \text{ yd(码)} = 3 \text{ ft} = 0.914\,4 \text{ m}$$

$$1 \text{ mi(英里)} = 1\,760 \text{ yd} = 1.609\,3 \text{ km}$$

## 附 11.2　面积单位

我国测量工作中法定的面积计算单位为平方米($m^2$),大面积则用公顷($hm^2$)或平方公里($km^2$)。我国农业上常用市亩(mu)为面积计算单位。其换算关系如下:

$$1 \text{ m}^2\text{(平方米)} = 100 \text{ dm}^2 = 10\,000 \text{ cm}^2 = 1\,000\,000 \text{ mm}^2$$

$$1 \text{ mu(市亩)} = 666.666\,7 \text{ m}^2$$

$$1 \text{ are(公亩)} = 100 \text{ m}^2 = 0.15 \text{ mu}$$

$$1 \text{ hm}^2\text{(公顷)} = 10\,000 \text{ m}^2 = 15 \text{ mu}$$

$$1 \text{ km}^2\text{(平方公里)} = 100 \text{ hm}^2 = 1\,500 \text{ mu}$$

米制与英、美制面积计量单位的换算关系如下:

$$1 \text{ in}^2\text{(平方英寸)} = 6.451\,6 \text{ cm}^2$$

$$1 \text{ ft}^2\text{(平方英尺)} = 144 \text{ in}^2 = 0.092\,9 \text{ m}^2$$

$$1 \text{ yd}^2\text{(平方码)} = 9 \text{ ft}^2 = 0.836\,1 \text{ m}^2$$

$$1 \text{ acre(英亩)} = 4\,840 \text{ yd}^2 = 40.468\,6 \text{ are} = 4\,046.86 \text{ m}^2 = 6.07 \text{ mu}$$

$$1 \text{ mi}^2 (\text{平方英里}) = 640 \text{ acre} = 2.59 \text{ km}^2$$

## 附 11.3　角度单位

测量工作中常用的角度单位有度分秒(DMS)制和弧度制。

### 1）度分秒制

$$1 \text{ 圆周} = 60°(\text{度}), 1° = 60'(\text{分}), 1' = 60''(\text{秒})$$

### 2）弧度制

圆心角的弧度为该角所对弧长与半径之比。在推导测量学的公式或进行计算时,有时也用弧度来表示角度的大小,计算机运算中的角度值也往注以弧度表示。把弧长等于半径的圆弧所对圆心角称为一个弧度,以 $\rho$ 表示。因此,整个圆周为 $2\pi$ 弧度。

弧度与角度的关系为

$$2\pi\rho = 360°$$

因此

$$\rho = \frac{180°}{\pi}$$

一个弧度相当于度分秒制角值为

$$\rho° = \frac{180°}{\pi} = 57.295\ 779\ 5° \approx 57.3°$$

$$\rho' = \frac{180°}{\pi} \times 60 = 3\ 437.746\ 77' \approx 3\ 438'$$

$$\rho'' = \frac{180°}{\pi} \times 3\ 600 = 206\ 264.806'' \approx 206\ 265''$$

# 附录 12 地形图图示常用符号列表

| 编号 | 符号名称 | 图例 | 编号 | 符号名称 | 图例 |
|---|---|---|---|---|---|
| 1 | 坚固房屋<br>4—房屋层数 | 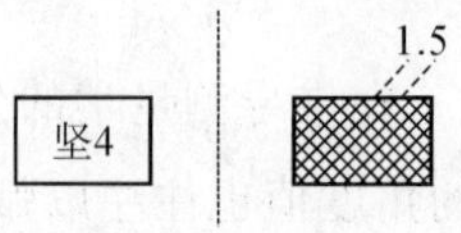1.5 坚4 | 6 | 草地 | 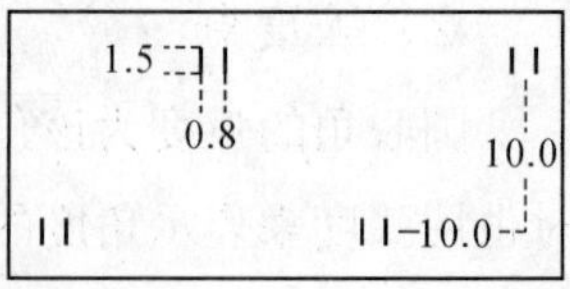1.5 0.8 10.0 10.0 |
| 2 | 普通房屋<br>2—房屋层数 | 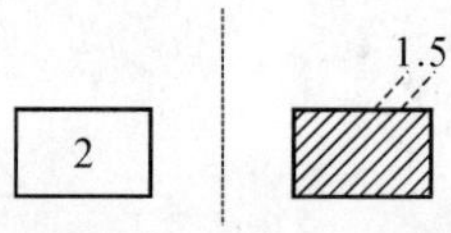1.5 2 | 7 | 水生经济<br>作物地 | 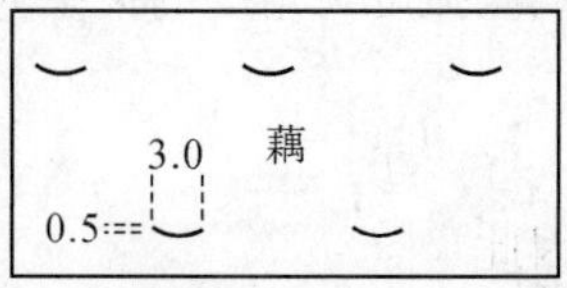3.0 藕 0.5 |
| 3 | 窑洞<br>1—住人的<br>2—不住人的<br>3—地面下的 | 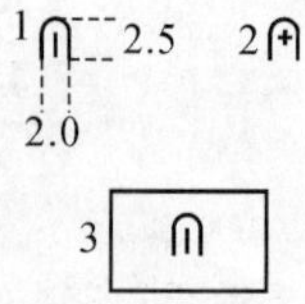1 2.5 2 2.0 3 | 8 | 旱地 | 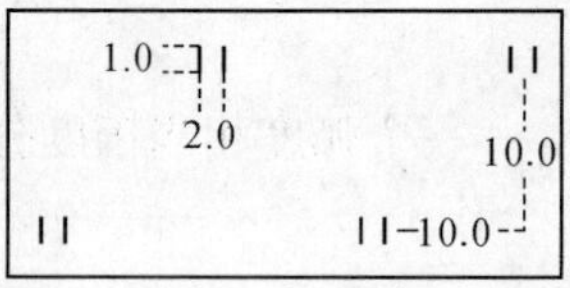1.0 2.0 10.0 10.0 |
| 4 | 台阶 | 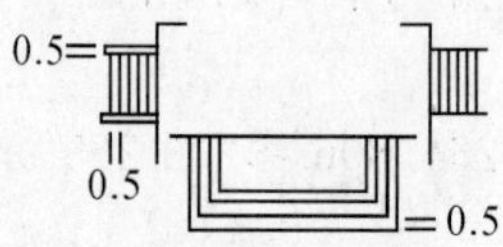0.5 0.5 0.5 | 9 | 水稻田 | 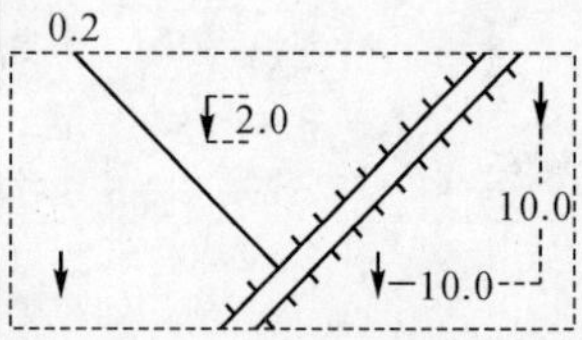0.2 2.0 10.0 10.0 |
| 5 | 菜地 | 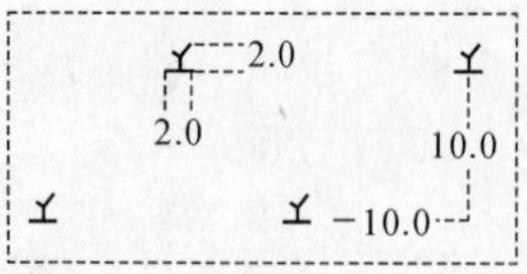2.0 2.0 10.0 10.0 | 10 | 高压线 | 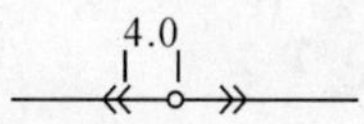4.0 |

续表

| 编号 | 符号名称 | 图例 | 编号 | 符号名称 | 图例 |
|------|----------|------|------|----------|------|
| 11 | 低压线 | 4.0 | 23 | 三角点<br>凤凰山—点名<br>394.468—高程 | 凤凰山 394.468<br>3.0 |
| 12 | 电杆 | 1.0 ○ | 24 | 图根点<br>1—埋石的<br>2—不埋石的 | 1 2.0 N16 84.460<br>2 1.5 25 62.740 |
| 13 | 电线架 | | 25 | 水准点 | 2.0 ⊗ Ⅱ京石5 32.804 |
| 14 | 砖、石及<br>混凝土围墙<br>土围墙 | 10.0<br>10.0 0.5<br>0.3<br>0.5 10.0 | 26 | 旗杆 | 1.5<br>4.0 1.0<br>1.0 |
| 15 | 栅栏,栏杆 | 1.0<br>10.0 | 27 | 水塔 | 2.0<br>3.0 1.0<br>1.2 |
| 16 | 篱笆 | 1.0<br>10.0 | 28 | 烟囱 | 3.5<br>1.0 |
| 17 | 活树篱笆 | 1.0 0.6<br>10.0 | 29 | 气象站(台) | 3.0<br>4.0<br>1.2 |
| 18 | 公路 | 0.3<br>沥 砾<br>0.3 | 30 | 消火栓 | 1.5<br>1.5 2.0 |
| 19 | 简易公路 | 8.0 2.0 | 31 | 阀门 | 1.5<br>1.5 2.0 |
| 20 | 大车路 | 0.15 碎石<br>0.3 | 32 | 水龙头 | 3.5 2.0<br>1.2 |
| 21 | 小路 | 4.0 1.0<br>0.3 | 33 | 钻孔 | 3.0 ● 1.0 |
| 22 | 沟渠<br>1—有堤岸的<br>2—一般的<br>3—有沟堑的 | 2 0.3<br>3 | 34 | 路灯 | 3.5<br>1.0 |
| | | | 35 | 独立树<br>1—阔叶<br>2—针叶 | 1.5<br>1 3.0 2 3.0<br>0.7 0.7 |

| 编号 | 符号名称 | 图例 | 编号 | 符号名称 | 图例 |
|---|---|---|---|---|---|
| 36 | 等高线<br>1—首曲线<br>2—计曲线<br>3—间曲线 | | 39 | 滑坡 | |
| 37 | 高程点及<br>其注记 | 163.200　　<br>　　　　75.400 | 40 | 陡崖<br>1—土质的<br>2—石质的 | |
| 38 | 示坡线 | | 41 | 冲沟 | |